CALCULATION

하루 한 권, 계산

와쿠이 요시유키 지음 박제이 옮김

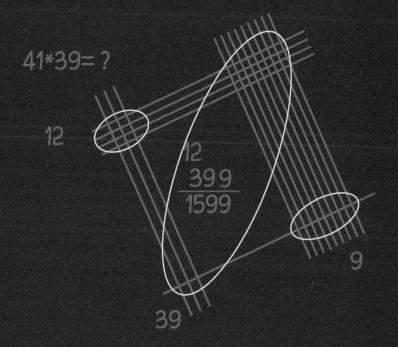

41*39= ?

12

12
39 9
1599

9

39

빠르고 정확하게 계산하기 위한 논리 테크닉

와쿠이 요시유키

1950년 도쿄 출생. 도쿄교육대학(현 쓰쿠바대학) 이학부 수학과 졸업 후 교직에 몸을 담았다. 현재 고등학교 수학 교사로 일하면서 컴퓨터를 활용한 교육법이나 통계학을 연구하고 있다. 주요 저서(공저)로 『道具としてのフーリエ解析 도구로서의 푸리에 해석』·『道具としてのベイズ統計 도구로서의 베이즈 통계』〈日本実業出版社〉, 『数的センスを磨く超速算術 수학적 감각을 키우는 초스피드 계산법』〈実務教育出版〉, 『身のまわりのモノの技術 과학잡학사전』〈中経出版〉 등이 있다.

일러두기

● 본 도서는 2015년 일본에서 출간된 와쿠이 요시유키의 『図解·速算の技術』를 번역해 출간한 도서입니다. 내용 중 일부 한국 상황에 맞지 않는 것은 최대한 바꾸어 옮겼으나, 불가피한 경우(제8장 등) 일본의 예시를 그대로 사용했습니다.

들어가며

학교에서 배우는 산수나 수학은 정공법이기 때문에 어떤 문제에든 쓸 수 있습니다. 하지만 막상 실제 계산에 적용하려고 하면 막히거나 시간이 걸리기도 하지요. 예를 들어 다음 계산을 해 봅시다.

398×402

여러분 중 대부분은 너무 쉽다며 초등학교 때 배운 세로식 계산(필산[1])으로 바꿔서 다음과 같이 답을 낼 것입니다.

$$
\begin{array}{r}
398 \\
\times 402 \\
\hline
796 \\
000 \\
+ 1592 \\
\hline
159996
\end{array}
$$

그러나 이 방법은 곱셈을 여러 번 해야 하므로 시간이 걸립니다. 게다가 받아올림 할 부분이 많아서 계산 실수도 우려되지요. 이럴 때는 조금 다르게 생각해봅시다. 그러면 다음 페이지와 같이 쉽게 답을 얻을 수 있습니다. 심지어 이 방법으로는 암산[2]도 가능하답니다.

---

1 숫자를 써서 계산하는 것
2 필기도구나 계산기를 사용하지 않고 머릿속으로 계산하는 것

$$398 \times 402$$
$$= (400 - 2)(400 + 2)$$
$$= 400^2 - 2^2$$
$$= 160000 - 4$$
$$= 159996$$

예를 하나 더 들어봅시다. 다음 계산을 쉽게 푸는 방법은 무엇일까요?

$$164 \times 0.75$$

이 계산 역시 학교에서 배운 세로식 계산으로 풀어도 됩니다. 다만 다음과 같이 계산하면 암산으로도 답을 바로 구할 수 있지요.

$$164 \times 0.75$$
$$= 164 \times \frac{3}{4}$$
$$= 164 \div 4 \times 3$$
$$= 41 \times 3$$
$$= 123$$

이처럼 문제를 풀 때는 무조건 학교에서 배운 정공법으로 풀려고 하기보다는 임기응변이 중요합니다. 각각의 계산 특성에 맞는 계산법을 찾는 것이지요. 그것이 바로 속산의 기술이랍니다. 더불어 임기응변은 다양한 방면에서 유연한 사고력을 향상해 주기도 합니다.

이 책에서는 속산의 기술뿐 아니라 빠른 '어림셈'이나 '검산'의 기술도 다룹니다. 여기서 핵심은 자잘한 것은 배제하고 본질적인 부분을 바로 간파하는 것이지요. 어림셈할 때는 순식간에 대상의 본질을 파악하는 힘이 필요합니다. 이 힘은 계산뿐 아니라 생활이나 업무에서도 유용하답니다. 다른 사람보다 앞서서 계산의 본질을 간파하는 능력은 여러분이 살아가는 데 매우 효과적인 무기가 될 것입니다.

책의 전반부는 속산의 기본적인 기술과 연습문제를 소개하고 그것을 자유자재로 다룰 수 있는 것을 목표로 했습니다. 후반부는 속산으로 이어지는 다양한 산술의 지혜나 알고 있으면 삶이 재미어지는 수의 지혜를 소개합니다.

이 책을 읽고 나서 계산을 바라보는 시각이 달라지고 수 자체에 애착을 갖게 되었으면 좋겠습니다. 나아가 일상생활과 업무까지 즐거워진다면 더할 나위 없겠네요.

책을 집필하면서 과학 서적 편집부의 이시이 겐이치 씨와 편집 공방 시라쿠사의 하타나카 다카시 씨에게 여러모로 도움을 받았습니다. 이 자리를 빌려 감사의 마음을 전하고 싶습니다.

와쿠이 요시유키

목차

제5장 순식간에 본질을 파악하는 어림셈의 기술

제6장 순식간에 오류를 찾아내는 검산의 기술

제1장

속산의 기술을 뒷받침하는 기초 지식

속산의 기술을 배우기 전에 먼저 속산의 개념과 속산에서 사용하는 기본적인 '도구'를 소개하려 한다. 여기서는 특히 보수와 그것을 구하는 방법이 중요하다.

1-1

속산과 어림셈을 잘하는 사람은?

포인트

속산을 잘하는 사람≒매사에 두뇌 회전이 빠른 사람
≒올바른 판단을 내릴 수 있는 사람
≒각종 시험에 강한 사람
어림셈을 잘하는 사람≒사물의 본질을 파악하는 사람

계산을 척척 재빨리 할 수 있는 사람, 즉 속산을 할 수 있는 사람을 보고 있으면 기분이 좋다. 속산을 할 수 있다는 것만으로 두뇌 회전이 빠른 사람, 올바른 판단이 가능한 사람이라는 생각이 든다.

실제로 속산을 할 수 있는 사람은 각종 시험에서 높은 점수를 받는다. 왜냐하면 시험은 보통 제한된 시간 안에 많은 문제를 정확하게 풀어야 하기 때문이다. 따라서 단순 계산에서 시간을 끌면 좋은 해답을 낼 수가 없다.

단순 계산은 속산의 기술을 이용해 재빨리 처리하고 남은 시간을 곰곰이 생각하는 데에 쓸 수 있다면 그것만으로 질 좋은 해답을 낼 수 있는 것이다.

속산 기술 중 하나로 어림셈이 있다. 어림셈이란 자잘한 것은 제쳐두고 계산의 본질적인 부분을 파악하는 것이다. 따라서 평소에 어림셈을 재빨리 한다면 자기도 모르는 사이에 '사물의 본질을 파악하는 훈련'을 하는 셈이다. 이 훈련은 어림셈뿐 아니라 생활이나 업무에서도 도움이 된다.

계산의 본질을 파악하는 기술을 익혀 두면 일 잘하는 사람이 되기 위한 중요한 무기가 되는 것이다.

속산은 만병통치약이 아닌 특효약

포인트

학교에서 배우는 계산법은 '만병통치약', 속산은 '특효약'

초등학교에서 배운 덧셈, 뺄셈, 곱셈, 나눗셈 같은 계산법은 정공법이다. 즉 어떤 경우라도 이 방법에 따라 계산하면 반드시 정답을 얻을 수 있다. 이 정공법은 약으로 비유하면 어떤 병에도 효과가 있는 만병통치약이다.

하지만 만병통치약이기에 약효가 더디게 나타난다는 단점이 있다. 특수한 병에는 만병통치약이 아닌 특효약이 훨씬 빨리 든다. 따라서 병을 치료하기 위해서는 만병통치약뿐 아니라 특효약도 많이 준비해 두면 좋다. 계산에서는 이 특효약의 역할을 하는 것이 속산 기술이다.

속산은 임기응변

포인트

운동은 몸의 유연성이 필요
속산은 머리의 유연성이 필요

운동의 기본은 몸의 유연성이다. 유연성이 없으면 무슨 운동을 해도 서투르기 마련이다. 업무에는 머리의 유연성이 필요하다. 날마다 직면하는 새로운 문제에 경험과 지혜를 이용해 임기응변으로 대처해야 한다.

속산도 마찬가지다. 고정관념에 사로잡혀 언제나 같은 방법으로만 계산하는 사람은 실수하기 쉽다. 왜냐하면 속산에는 정해진 방법이 없기 때문이다. 주어진 계산에 가장 적합한 방법을 순식간에 판단해 찾아내고 신속히 처리하는 것이 속산이다. 그러므로 속산은 머리의 유연성 체조다. 이렇게 생각하면 속산이 재미있어진다.

몸이 굳어 있으면
공을 치기 힘들어~

몸이 유연하면
실력도 금방 늘지!

연습할 필요가 없는 속산

포인트

속산에 빠지면 날마다 하는 계산이 즐거워진다

암산을 잘하는 사람 중에는 '주산 1급'인 사람도 있다. 그러나 주산의 달인이 되려면 오랜 기간 노력해야 하므로 누구나 할 수 있는 일은 아니다.

하지만 속산은 다르다. 속산은 편법을 연구해 가능한 한 쉽게 계산하는 방법이기 때문이다. 즉 게으름뱅이의 사고방식이다. 조금이라도 편하게 계산하고 싶다는 마음에서 생겨난 것이 속산이다.

따라서 속산에 익숙해질수록 빠져들게 된다. 왜냐하면 속산법을 하나 익힐 때마다 계산이 엄청나게 편해지기 때문이다. 쓸데없는 노력도 줄일 수 있다. 속산에 빠지면 계산을 바라보는 시각도 달라져 자꾸만 좀 더 연구하고 싶어진다.

헤헤, 나는 역시 계산기~♪

속산은 종이랑 연필로 해도 되지만 암산으로 하면 멋있지

속산은 마술이 아닌 응용

포인트

속산을 뒷받침하는 것은 간단한 전개 공식

속산은 편법을 연구해서 쓰는 것이니 마술 같은 특수한 기술이라고 생각할 수도 있다. 하지만 속산에는 재료도 있고 도구도 있다. 중학교에서 배운 수학 공식을 잘 이용하는 것에 지나지 않기 때문이다. 속산은 생각만큼 어려운 것도 아니고 신이 내린 재능도 아니다. 주로 아래 세 개의 공식을 상황에 따라 응용만 하면 된다.

① $(a+b)(c+d) = ac+ad+bc+bd$
② $(a+b)^2 = a^2 +2ab+b^2$
③ $(a+b)(a-b) = a^2 -b^2$

마술이야?

아, 암산으로?

헤헤 재료도 도구도 다 있다고

(1)41×39
(2)203×197

답
(1)1599
(2)39991

속산의 결정타는 '알맞은 수'를 고르는 것

포인트

속산은 간단히 처리할 수 있는
10, 100, 1000, ……을 아주 좋아함

우리가 평소에 사용하는 수는 십진수다. ,……등을 올림의 단위로 삼고 있다. 따라서 십진수는 더하거나 빼거나 곱하거나 나누는 사칙연산을 할 때 매우 편리하다. 속산에서는 이러한 수를 알맞은 수라고 하고, 쓰기 쉽다는 성질을 최대한 활용한다.

예: $67 + 98$

$$= 67 + (100 - 2) = (67 + 100) - 2 = 167 - 2 = 165$$

속산에서 대활약하는 '보수'란?

보수를 자유자재로 다룬다

속산에서는 10이나 100 등의 '알맞은 수'를 자주 사용한다. 그런데 매우 중요한 수가 하나 더 있다. '보수'라고 부르는 수이다. 이 수는 속산에서 대활약하므로 기억해 두자. 보수를 수학적으로 엄밀히 정의하기란 까다롭다. 따라서 이 책에서는 보수를 다음과 같은 의미로 쓰기로 한다.

'a의 c에 대한 보수 b란 a + b = c를 만족하는 b'

이때 c를 기준수라고 부른다.

약간 헷갈리는 표현이지만 구체적인 예를 들어 말하자면 다음과 같다.

① 9의 10에 대한 보수는 9 + 1 = 10이므로 1

② 2의 100에 대한 보수는 2 + 98 = 100이므로 98

③ 995의 1000에 대한 보수는 995 + 5 = 1000이므로 5

이 예를 잘 살펴보면 a와 b는 기준수 c에 대해 서로 보수인 관계다. ①의 경우 '10에 대한 9의 보수는 1'이다. 또한 '10에 대한 1의 보수는 9'라고도 할 수 있다.

이때 주의 깊게 봐야 할 것이 있다. 기준수보다 큰 수에 대해서도 보수를 구할 수 있다는 것이다.

'a의 c에 대한 보수 b란 a + b = c를 만족하는 b'

에 따라 11의 10에 대한 보수는 11 + (−1) = 10이므로 −1이 된다.

'보수가 음수'라는 것이 처음엔 조금 어색할지도 모르겠지만 익숙해지면 아무렇지도 않다. 주어진 수가 '알맞은 수'보다 크기 때문에 뺄 필요가 생긴

것뿐이다. 그 외에도 예를 들어 보자.

④ 12의 10에 대한 보수는 12 + (−2)=10이므로 −2

⑤ 105의 100에 대한 보수는 105 + (−5)=100이므로 −5

⑥ 1013의 1000에 대한 보수는 1013 + (−13)=1000이므로 −13

때에 따라 10, 100, 1000, 10000, ……이 아닌 다른 수를 '알맞은 수'로 이용하기도 한다.

예) 48의 50에 대한 보수는 48 + 2=50이므로 2

보수를 간단히 구하는 방법

포인트

단위가 큰 '보수'를 구하려면 각 자리에서 '9와의 차'를 계산한다.
단, 일의 자리는 '10과의 차'를 계산한다.

보수를 구하는 방법은 간단하다. 장황한 설명도 필요 없다. 구체적인 예
만 들면 충분하다. 가령 1000에 대한 738의 보수를 구하려면 다음 그림처
럼 '각 자리의 9에 대한 보수(9와의 차)를 나열해 나온 수에 1을 더하기'만
하면 된다. 표현을 바꿔서 '각 자리의 9에 대한 보수를 나열한다. 다만, 일의
자리에 대해서는 10에 대한 보수를 구한다'고 해도 된다.

1000에 대한 738의 보수를 구하는 법

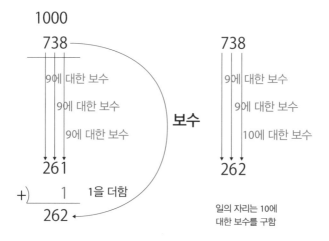

제2장

보수와 알맞은 수를
사용한 속산의 기술

이 장에서는 암산으로 가능한 속산 기술을 소개하겠다.
속산을 꼭 암산으로 해야 할 필요는 없다. 하지만 암산할
수 있다면 더욱 빠르게 답을 구할 수 있다. 처음엔 생소
한 방법이라 서툴 것이다. 그러나 이 장에서 소개하는 기
술에 익숙해지면 누구나 암산으로 속산을 잘할 수 있다.

보수를 사용해 거스름돈 계산하기

예제

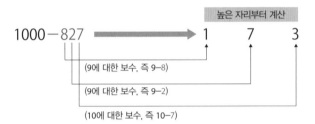

이것은 **1–8**에서 소개한 계산법이다. 물건을 살 때 보통 천 원짜리나 만 원짜리 지폐를 내고 거스름돈을 받곤 한다. 이때 일의 자리부터 십의 자리, 백의 자리 순서로 계산하려고 하면 헷갈리기 쉽다.

이럴 때는 높은 자리부터 계산해서 각 자리의 9에 대한 보수를 구하는 게 편하다. 단, 일의 자리는 10의 보수를 구한다는 것만 주의하면 된다. 세로식 뺄셈으로 원리를 소개하자면 아래 그림과 같다.

(1) 100-87   =1(=9-8)3(=10-7)=13

'87'을 빼야 하므로 십의 자리인 '8'부터 생각한다. '8'의 9에 대한 보수는 '9-8=1'이다. 다음으로 일의 자리는 10에서 빼야 한다. '7'의 10에 대한 보수는 '10-7=3'이므로 답은 13.

(2) 100-76   =2(=9-7)4(=10-6)=24

'76'을 빼야 하므로 십의 자리인 '7'부터 생각하면 '9-7=2', 일의 자리인 '6'에서는 '10-6=4'이므로 답은 24.

(3) 100-42   =5(=9-4)8(=10-2)=58

'42'를 빼는 계산이므로 '58'이라고 속산할 수 있다.

높은 자리부터
빼 나가면
빠르대!

제2장 보수와 알맞은 수를 사용한 속산의 기술

(4) 1000−298   =7(=9−2)0(=9−9)2(=10−8)=702

세자릿수를 뺄 때도 마찬가지다. '298'을 빼야 하니
'9−2', '9−9', 마지막에는 '10−8'이라고 생각하면 된다.

(5) 1000−672   =3(=9−6)2(=9−7)8(=10−2)=328

(6) 1000−594   =4(=9−5)0(=9−9)6(=10−4)=406

(7) 10000−6521   =3(=9−6)4(=9−5)7(=9−2)9(=10−1)=3479

(8) 10000−1371   =8(=9−1)6(=9−3)2(=9−7)9(=10−1)=8629

(9) 10000−8935   =1(=9−8)0(=9−9)6(=9−3)5(=10−5)=1065

연습 2 중급편

(1) 8000−7365   =8000−7000−365

=1000−365

=6(=9−3)3(=9−6)5(=10−5)=635

알맞은 수가 10이나 100, 1000 같은 수가 아니라 8000
이다. 머리를 약간 써 보자.

(2) 5000−4311   =5000−4000−311

=1000−311

=6(=9−3)8(=9−1)9(=10−1)=689

(3) 5000−298   =4000+1000−298

=4000+7(=9−2)0(=9−9)2(=10−8)

=4000+702=4702

암산은 왼쪽에서 오른쪽 순서로 하기

예제

왼쪽에서 오른쪽으로

$$45+37=45+(30+7)=75+7=82$$

분할

왼쪽에서 오른쪽으로

$$6\times45=6\times(40+5)=6\times40+6\times5=240+30=270$$

분할

만약 위의 예제가 $(45+37)$이 아니라 $(43+33)$이었다면 평소에 필산으로 하듯이 일의 자리부터 계산해서 $(3+3=6)$, 십의 자리는 $(4+3=7)$로 올림을 하지 않고 계산할 수 있다. 이런 계산은 암산하기도 쉽다.

하지만 예제의 $(45+37)$을 암산으로 계산하려면 일의 자리인 $(5+7=12)$부터 시작할 텐데 갑자기 올림이 나와서 헷갈린다. 올림을 해야 하므로 그 1을 머릿속 한구석에 기억해 두고 다음 십의 자리를 계산해야 한다. 암산으로 하기엔 번거롭다.

123은 백이십삼이라고 왼쪽에서 오른쪽으로 읽잖아. 계산도 그게 자연스럽지!

그에 비해 앞서 소개한 방법은 좀 더 효율적이다. 우선 45에 37의 왼쪽 부분(십의 자리)인 30만 더해서 75로 만든다. 이 정도는 암산하기 쉽다. 다음으로 37의 오른쪽 부분(일의 자리)인 7을 더하면 답인 82가 된다. 훨씬 간단히 계산할 수 있다.

곱셈도 마찬가지다. 6×45라면 6에 45의 왼쪽 부분(십의 자리)인 40을 먼저 곱해서 240을 구해 둔다. 다음으로 6에 45의 오른쪽 부분(일의 자리)인 5를 곱한 30을 먼저 구해 둔 240에 더하면 답인 270이 된다. 글로 설명하면 복잡하게 느껴지지만, 앞부분에 있는 계산을 보면 매우 간단한 계산이다.

필산에서 일의 자리부터 시작해 십의 자리, 백의 자리 순서로 계산하는 것에 익숙한 사람은 이 순서가 낯설 것이다. 하지만 '왼쪽에서 오른쪽으로' 계산하는 데 익숙해지면 암산에는 이게 더 적합하다는 것을 깨닫게 된다.

연습 문제를 풀어 보자.

연습 1 덧셈편

(1) 52 + 39   = 52 + 30 + 9 = 82 + 9 = 91

일의 자리인 '2와 9'는 신경 쓰지 않는다. '52 + 30'부터 떠올리는 것이 중요하다. 이 정도는 82라고 암산할 수 있다.

(2) 23 + 17   = 23 + 10 + 7 = 33 + 7 = 40

(3) 63 + 44   = 63 + 40 + 4 = 103 + 4 = 107

(4) 87 + 95   = 87 + 90 + 5 = 177 + 5 = 182

(5) $532 + 391$ $= 532 + 300 + 91 = 832 + 90 + 1 = 922 + 1 = 923$

숫자가 크다고 놀라지 말자. '391'을 '300', '90', '1' 세 개로 나눈다. 그러면 $532 + 300 = 832$부터 계산할 수 있고, 한 자릿수씩의 덧셈이 된다.

연습 2 곱셈편

(1) $62 \times 3 = 60 \times 3 + 2 \times 3 = 180 + 6 = 186$

오른쪽 숫자가 한 자릿수이므로 왼쪽 숫자를 분해한 다. 임기응변을 발휘하자.

(2) 52×31 $= 50 \times 31 + 2 \times 31 = 1550 + 62 = 1612$

물론 $52 \times 30 = 1560$, $52 \times 1 = 52$. 따라서 $1560 + 52 = 1612$로 해도 된다. 곱하는 수 중 어느 한쪽만 분해하려고 하기보다는 양쪽 모두 어떻게 분해할 수 있는지 살피자. 그러면 계산이 무척 간단해질 수도 있기 때문이다.

(3) 23×42 $= 23 \times 40 + 23 \times 2 = 920 + 46 = 966$

(4) 82×25 $= 80 \times 25 + 2 \times 25 = 2000 + 50 = 2050$

(5) 162×3 $= 100 \times 3 + 60 \times 3 + 2 \times 3 = 300 + 180 + 6$
                             $= 480 + 6 = 486$

알맞은 수가 되는 '짝' 찾기

예제

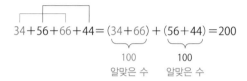

$$34+56+66+44=(34+66)+(56+44)=200$$

여러 개의 수를 계산하는 문제를 풀 때 당장 계산부터 시작해 버리는 사람이 있다. 그러면 비효율적이기도 하지만 무엇보다 실수하기 쉽다. 우선 숨을 돌리자. 그리고 '이 계산에 적합하면서도 간단한 방법은 없을까'를 생각하자. 이것이 속산의 기본이다.

이때 고려해야 하는 것은 '조합이 좋은 쌍을 찾아서 알맞은 수를 만들 수 없을지' 고민하는 것이다. 이른바 짝 찾기다. 계산이 편해지면 실수도 줄어든다. 짝이 없다면 다른 속산 방법을 찾으면 된다.

(1) $9 + 3 + 7 + 2 + 1$ $= (9 + 1) + (3 + 7) + 2$

$= 10 + 10 + 2 = 22$

(2) $82 + 101 + 18 - 1$ $= (82 + 18) + (101 - 1)$

$= 100 + 100 = 200$

(3) $99 + 508 + 301 + 392$ $= (99 + 301) + (508 + 392)$

$= 400 + 900 = 1300$

(4) $179 + 312 + 208 + 701$ $= (179 + 701) + (312 + 208)$

$= 880 + 520 = 1400$

(5) $256 - 1011 + 104 + 111$ $= (256 + 104) - (1011 - 111)$

$= 360 - 900 = -540$

(6) $899 + 508 - 398 + 392$ $= (899 - 398) + (508 + 392)$

$= 501 + 900 = 1401$

세로로 쓰면 계산하기 쉽다.

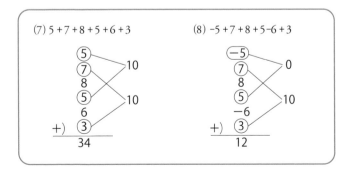

계단 상태인 수의 합은 한가운데에 주목하기

예제

5개의 수 　(홀수 개일 경우)
$$2+4+6+8+10 = 6 \times 5 = 30$$
(2씩 커짐)

4개의 수 　(짝수 개일 경우)
$$21+26+31+36 = (26+31) \times (4 \div 2) = 57 \times 2 = 114$$
(5씩 커짐)

일정한 수만큼 점차 커지는 수는 일일이 더할 필요가 없다. 이런 계산은 '덧셈→곱셈'으로 바꾸기만 해도 된다.

① 더하는 수의 개수가 홀수인 경우

홀수 개의 계산이라면 '한가운데 숫자×수의 개수'로 계산하면 된다.

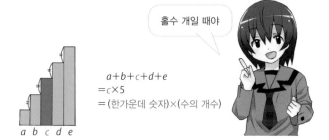

홀수 개일 때야

$$a+b+c+d+e$$
$$=c \times 5$$
$$= (한가운데 숫자) \times (수의 개수)$$

$a\ b\ c\ d\ e$

② 더하는 수의 개수가 짝수인 경우

더하는 수의 개수가 짝수라면 약간 귀찮아진다. '한가운데 숫자 두 개를 더해 수의 개수의 절반 값'을 곱하면 된다. 물론 '한가운데 숫자 중 두 개의 수를 더해 2로 나누고 거기에 수의 개수를 곱하는' 방법도 있다. 더 쉬운 방법을 쓰자.

짝수 개일 때야

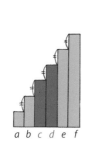

$$a+b+c+d+e+f$$
$$=(c+d)\times(6\div2)$$
$$=\text{(한가운데 숫자 두 개의 합)}$$
$$\times\text{(수의 개수의 절반)}$$

$a\ b\ c\ d\ e\ f$

연습

(1) $1+2+3+4+5$

$=3\times5=15$
'1씩 커지는 수의 덧셈'이고 개수는 홀수 개(5개)다. 따라서 한가운데 숫자인 '3'을 5배 하면 된다.

(2) $1+2+3+4+5+6$

$=(3+4)\times3=21$
'1씩 커지는 수의 덧셈'이고 이번에는 짝수 개(6개)다. 따라서 한가운데 숫자 두 개의 합 '3+4'를 6배 하고 다시 2로 나눈다.

(3) $30 + 40 + 50 + 60$ $= (40 + 50) \times 2 = 180$

(4) $30 + 40 + 50 + 60 + 70$ $= 50 \times 5 = 250$

(5) $3 + 5 + 7 + 9 + 11 + 13 + 15$ $= 9 \times 7 = 63$

이것은 '2씩 커지는 덧셈'이다. 그래도 방법은 같다. 홀수 개(7개)이므로 한가운데 숫자인 '9'를 7배 하면 된다.

(6) $3 + 5 + 7 + 9 + 11 + 13 + 15 + 17$ $= (9 + 11) \times 4 = 80$

'2씩 커지는 수의 덧셈'이고 짝수 개(8개)이므로 한가운데 숫자 두 개의 합 '$9 + 11$'을 4배($8 \div 2$) 한다. 혹은 한가운데 숫자 두 개의 합($9 + 11 = 20$)을 2로 먼저 나눠 10을 만들고 이것에 8을 곱해도 된다. 이 문제에서는 이 방법이 암산하기도 편하다.

이 생각을 일반화한 것이
7-6 '가우스의 천재적 계산법 익히기'래!

대충 뺀 후 미세 조정하기

예제

$$95 - 81 = (95 - 80) \quad -1 \quad = 14$$

알맞은 수를 뺌   미세 조정

$$95 + 81 = (95 + 80) \quad +1 \quad = 176$$

알맞은 수를 더함   미세 조정

뺄셈에서는 '빼는 수'에 알맞은 수가 오면 계산이 무척 편해진다. 첫 번째 예제의 경우 빼는 수 '81'을 알맞은 수 '80'과 그렇지 않은 수 '1'로 분할하고 우선 알맞은 수인 '80'부터 대충 뺀다. 그 후 덜 뺀 수 '1'을 마저 빼 조정하는 것이 이 기술이다.

또한 이 방식은 두 번째 예제에서 보듯 덧셈에도 쓸 수 있다. 알맞은 수를 먼저 대충 더하고 덜 더한 수를 마저 더해서 조정하면 된다.

그런데 이 계산 방법 왠지 익숙하지 않은가? 사실 형태는 2-2에서 배운 것과 완전히 같다. 2-2에서는 (45 + 37)이라면 십의 자리, 일의 자리를 각각 더했다. 즉 (45 + 30)=75로 계산한 후 (75 + 7=82)로 계산했다.

이번에도 형태는 같지만 생각하는 방식이 약간 다르다. 2-2에서는 알맞은 수인지 아닌지에 상관없이 둘로 분할했다. 그러므로 '39를 더하는' 경우 '30'과 '9'로 나눴다.

하지만 여기에서는 '39를 더한다면 알맞은 수인 40을 먼저 대충 더하고 나중에 1만 조정'한다. 맨 처음에 커다란 양동이로 대충 뜬 다음에 마지막에 미세 조정하겠다는 발상인 것이다.

나중에 조정하면 되는구나

(1) 77 - 61 $= 77 - 60 - 1 = 17 - 1 = 16$

(2) 85 + 41 $= 85 + 40 + 1 = 125 + 1 = 126$

(3) 781 - 67 $= 781 - 60 - 7 = 721 - 7 = 714$

세 자릿수도 마찬가지다. 서두르지 않는다. 빼는 수가 두 자릿수에 67이므로 '60 + 7'. '70-3'이라고 생각해도 좋다.

(4) 2981 - 603 $= 2981 - 600 - 3 = 2381 - 3 = 2378$

(5) 859 - 298 $= 859 - 300 + 2 = 559 + 2 = 561$

(6) 651 - 67 $= 651 - 70 + 3 = 581 + 3 = 584$

빼는 수는 (3)과 마찬가지로 '67'이다. 이번에는 '70-3'으로 계산했다.

(7) $3584 - 1982$ $= 3584 - 2000 + 18 = 1584 + 18 = 1602$

이것을 그대로 암산하기는 어렵지만 우선 2000을 대충 뺀 후 조정하면 가능하다.

(8) $981 + 67$ $= 981 + 60 + 7 = 1041 + 7 = 1048$

(9) $1981 + 603$ $= 1981 + 600 + 3 = 2581 + 3 = 2584$

(10) $759 + 298$ $= 759 + 300 - 2 = 1059 - 2 = 1057$

(11) $783 + 102$ $= 783 + 100 + 2 = 883 + 2 = 885$

(12) $4727 + 3984$ $= 4727 + 4000 - 16 = 8727 - 16 = 8711$

이 계산도 암산하기는 어렵지만 '대충 계산'으로 8727이 되면(실질적으로 4+4의 한 자릿수 계산) 거기서 16을 뺀다.

여러 개의 덧셈과 뺄셈은 분리하기

예제

$$8-3+2-1+4-5$$
$$=(8+2+4)-(3+1+5)$$
$$=14-9=5$$

덧셈과 뺄셈은
분리하자!

위의 예제처럼 덧셈과 뺄셈이 많이 섞여 있는 계산은 번거롭다. 이런 경우에는 '덧셈과 뺄셈을 분리'하면 좋다. 그러면 뺄셈은 마지막 한 번만 하면 된다.

분리, 분할은
속산의 기본이야!

(1) $4 - 8 + 2 - 4 + 1 - 5$

$\qquad = (4 + 2 + 1) - (8 + 4 + 5)$

$\qquad = 7 - 17$

$\qquad = -10$

(2) $40 - 10 + 70 - 20 + 30 - 10$

$\qquad = (40 + 70 + 30) - (10 + 20 + 10)$

$\qquad = 140 - 40$

$\qquad = 100$

(3) $28 - 12 - 29 + 83$

$\qquad = (28 + 83) - (12 + 29)$

$\qquad = 111 - 41$

$\qquad = 111 - 1 - 40$

$\qquad = 70$

(4) $750 - 120 - 270 + 85 - 130$

$\qquad = (750 + 85) - (120 + 270 + 130)$

$\qquad = 835 - 520$

$\qquad = 835 - 500 - 20$

$\qquad = 335 - 20$

$\qquad = 315$

비슷한 수를 많이 더할 때는 기준수를 사용

예제

$102+98+105+99$

기준수 100으로 두기!

$=(100+2)+(100-2)$
$+(100+5)+(100-1)$

$=\underbrace{100\times4}_{\text{간단!!}}+\underbrace{(2-2+5-1)}_{\text{간단!!}}=400+4=404$

위 예제 같은 문제를 보통은 그냥 계산해 버리곤 한다. 하지만 유심히 보면 98에서 105까지 비슷한 수의 계산이다. 이런 경우에는 기준이 되는 수를 적당히 찾는다. 그러면 그 '기준수에서 차이 나는 만큼을 더하거나 빼면 되므로' 그만큼 계산이 빨라진다. 기준수는 아무거나 괜찮지만 차이 나는 만큼의 덧셈과 뺄셈을 간단히 할 수 있는 알맞은 수를 골라야 한다.

내가 기준이네!

기준수

(1) $12 + 9 + 11 + 8$ →(기준수를 10으로 함)

$= (10 + 2) + (10 - 1) + (10 + 1) + (10 - 2)$

$= 10 \times 4 + (2 - 1 + 1 - 2)$

$= 40 + 0 = 40$

또한 이 문제는 **2–3**에서 배운 것처럼 짝을 찾아서

$12 + 9 + 11 + 8$

$= (12 + 8) + (9 + 11)$

$= 40$

으로 해도 된다.

(2) $52 + 49 + 54 + 48$ →(기준수를 50으로 함)

$= (50 + 2) + (50 - 1) + (50 + 4) + (50 - 2)$

$= 50 \times 4 + (2 - 1 + 4 - 2)$

$= 200 + 3 = 203$

(3) $107 + 95 + 102 + 98$ →(기준수를 100으로 함)

$= (100 + 7) + (100 - 5) + (100 + 2)$

$\quad + (100 - 2)$

$= 100 \times 4 + (7 - 5 + 2 - 2)$

$= 400 + 2 = 402$

(4) $812 + 799 + 783 + 802$ →(기준수를 800으로 함)

$= (800 + 12) + (800 - 1) + (800 - 17)$

$\quad + (800 + 2)$

$= 800 \times 4 + (12 - 1 - 17 + 2)$

$= 3200 - 4$

$= 3196$

(5) $1024 + 989 + 1011 + 1008$ →(기준수를 1000으로 함)

$= (1000 + 24) + (1000 - 11)$

$\quad + (1000 + 11) + (1000 + 8)$

$= 1000 \times 4 + (24 - 11 + 11 + 8)$

$= 4000 + 32 = 4032$

2-8

같은 수가 많은 덧셈·뺄셈은 곱셈을 이용

예제

$$3 + ⑤ + 4 + ⑤ + ⑤ + 6 + ③ + ③ + ⑤ + ③ + ③$$

$$= ⑤ × 4 + ③ × 5 + 4 + 6 = 20 + 15 + 10 = 45$$

곱셈을 이용하라!

곱셈은 애초에 덧셈을 간편하게 하려고 고안된 방법이다. 따라서 '같은 수의 덧셈·뺄셈'에서는 곱셈을 잘 이용하면 속산이 가능하다.

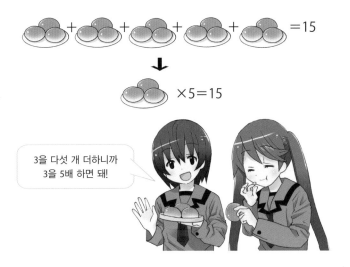

×5=15

3을 다섯 개 더하니까
3을 5배 하면 돼!

40

다음 덧셈을, 곱셈을 잘 이용해 풀어 보자.

(1) $2 + 7 + 3 + 2 + 3 + 3 + 2$ 　　　　　$= 2 \times 3 + 3 \times 3 + 7$
　　　　　　　　　　　　　　　　　　$= 6 + 9 + 7 = 22$

(2) $5 + 1 + 5 + 1 + 1 + 1 + 5 + 1$ 　　　$= 5 \times 3 + 1 \times 5$
　　　　　　　　　　　　　　　　　　$= 15 + 5 = 20$

(3) $23 + 75 + 23 + 25 + 23 + 30$ 　　　$= 23 \times 3 + (75 + 25) + 30$
　　　　　　　　　　　　　　　　　　$= 69 + 130 = 199$

(4) $102 + 110 + 102 + 100 + 102$ 　　$= 102 \times 3 + 110 + 100$
　　　　　　　　　　　　　　　　　　$= 306 + 210 = 516$

(5) $63 - 71 + 63 - 71 + 70 + 63$ 　　　$= 63 \times 3 - 71 \times 2 + 70$
　　　　　　　　　　　　　　　　　　$= 189 - 142 + 70$
　　　　　　　　　　　　　　　　　　$= (189 + 70) - 142$
　　　　　　　　　　　　　　　　　　$= 259 - 140 - 2$
　　　　　　　　　　　　　　　　　　$= 119 - 2 = 117$

세로로 쓰면 계산하기 쉽다.

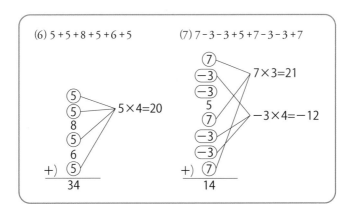

뺄셈에서는 양쪽에 같은 수를 더한 후 빼기

예제

① $75-58$ $= (75+2)-(58+2)$ $= 77-60=17$

　　　　　　　2를 더함　　2를 더함　　　간단!!

② $78-52$ $= (78-2)-(52-2)$ $= 76-50=26$

　　　　　　−2를 더함　−2를 더함　　　간단!!
　　　　　　(즉, 2를 뺌)　(즉, 2를 뺌)

알맞은 수는 계산하기 쉽다. 특히 뺄셈에서는 '빼는 수'가 알맞은 수라면 꽤 편리하다. 이때 다음 기술을 익혀 두자.

'뺄 수와 빼는 수 양쪽에 같은 숫자를 더한 후 빼기'

왜 이러한 계산이 가능한지는 다음 공식을 보면 명확히 알 수 있다.

$$a - b = (a + ▲) - (b + ▲)$$

즉 양쪽에 더한 ▲는 결과적으로 사라져 버리는 것이다. 이 ▲는 음수든 뭐든 어떤 수라도 괜찮지만, 속산을 하기 위해서는 '빼는 수'를 알맞은 수로 만들면 편하다. 그래서 '빼는 수'의 보수를 이용한다.

예제①에서는 60을 알맞은 수로 두고 58의 60에 대한 보수 2를 이용했다. ②에서는 50을 알맞은 수로 두고 52의 50에 대한 보수 −2를 이용했다.

(1) $81 - 67$ $\qquad = (81 + 3) - (67 + 3) = 84 - 70 = 14$

(2) $61 - 38$ $\qquad = (61 + 2) - (38 + 2) = 63 - 40 = 23$

(3) $89 - 62$ $\qquad = (89 - 2) - (62 - 2) = 87 - 60 = 27$

(4) $98 - 41$ $\qquad = (98 - 1) - (41 - 1) = 97 - 40 = 57$

(5) $981 - 67$ $\qquad = (981 + 3) - (67 + 3) = 984 - 70 = 914$

(6) $759 - 298$ $\qquad = (759 + 2) - (298 + 2) = 761 - 300 = 461$

(7) $8725 - 6899$ $\qquad = (8725 + 101) - (6899 + 101)$
$$= 8826 - 7000 = 1826$$

2-10

5의 곱셈은 2로 나눠서 10을 곱하기

예제

$$284 \times 5 = \underbrace{284 \div 2}_{\text{간단히!}} \times 10 = 142 \times 10 = 1420$$

'5를 곱하는 것'은 '2로 나눠서 10을 곱하는 것'과 같다. 혹은 순서를 바꿔서 '10을 곱해서 2로 나누는 것'도 된다. 암산할 때는 이 방법을 쓰면 좋다.

또한 '2로 나눠서……' 할지, '10을 곱해서……' 할지는 때에 따라 다르므로 두 가지 모두 잘 활용할 수 있도록 익혀 두자.

연습

(1) 24×5 $= 24 \div 2 \times 10 = 12 \times 10 = 120$

(2) 83×5 $= 83 \times 10 \div 2 = 830 \div 2 = 415$

                     이처럼 곱해지는 수가 홀수라면 처음부터 2로 나누기
보다는 일단 10배 하는 것이 편하다.

(3) 86×5 $= 86 \div 2 \times 10 = 43 \times 10 = 430$

(4) 342×5 $= 342 \div 2 \times 10 = 171 \times 10 = 1710$

(5) 846×5 $= 846 \div 2 \times 10 = 423 \times 10 = 4230$

(6) 1832×5 $= 1832 \div 2 \times 10 = 916 \times 10 = 9160$

(7) 283×5 $= 283 \times 10 \div 2 = 2830 \div 2 = 1415$

(8) 847×5 $= 847 \times 10 \div 2 = 8470 \div 2 = 4235$

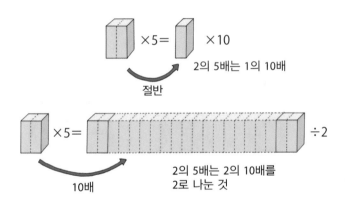

수를 분해해서 '2×5', '4×25' 만들기

예제

① $35 \times 18 = 7 \times (5 \times 2) \times 9 = 63 \times 10 = 630$

5의 배수 2의 배수

② $75 \times 36 = 3 \times (25 \times 4) \times 9 = 27 \times 100 = 2700$

25의 배수 4의 배수

35는 7×5로 분해해서 작은 수의 곱셈으로 나타낼 수 있다. 이런 식으로 분해해서 2와 5를 잘 찾아낸다면 2×5=10이 되므로 그 후의 계산이 간단해진다. 마찬가지로 수를 분해해 4×25를 만들 수 있다면 100을 곱하는 계산이 되므로 역시 속산을 할 수 있다.

연습

(1) 45×14 $\qquad = 9 \times (5 \times 2) \times 7 = 63 \times 10 = 630$

(2) 16×15 $\qquad = 8 \times (2 \times 5) \times 3 = 24 \times 10 = 240$

(3) 26×25 $\qquad = 13 \times (2 \times 5) \times 5 = 65 \times 10 = 650$

(4) 14×65 $\qquad = 7 \times (2 \times 5) \times 13 = 91 \times 10 = 910$

(5) 6×125 $\qquad = 3 \times (2 \times 5) \times 25 = 75 \times 10 = 750$

(6) 32×35 $\qquad = 16 \times (2 \times 5) \times 7 = 112 \times 10 = 1120$

(7) 246×15 $\qquad = 123 \times (2 \times 5) \times 3 = 369 \times 10 = 3690$

(8) 24×125 $\qquad = 6 \times (4 \times 25) \times 5 = 30 \times 100 = 3000$

(9) 175×64 $\qquad = 7 \times (25 \times 4) \times 16 = 112 \times 100 = 11200$

(10) 44×325 $\qquad = 11 \times (4 \times 25) \times 13 = 143 \times 100 = 14300$

※(10)의 계산 중간에 나오는 11×13은 **3–1**의 '두 자릿수(세 자릿수, 네 자릿수, ······)×11 형태의 곱셈'을 참조

99와의 곱셈은 100을 곱하기

예제

$$78 \times \boxed{99} = 78 \times (\boxed{100} - 1)$$

99가 나오면 100을 이용!

　99와의 곱셈을 제대로 하려면 너무 번거롭다. 이럴 땐 알맞은 수인 100을 이용하면 좋다. 99를 100과 그 보수인 1을 이용해 다시 쓰면 곱셈이 간단한 뺄셈이 된다. 그리고 그 뺄셈에 보수를 이용하면 더 큰 수의 속산도 할 수 있게 된다. 또한 99뿐 아니라 999나 9999도 마찬가지로 1000이나 10000을 이용하면 계산이 빨라진다.

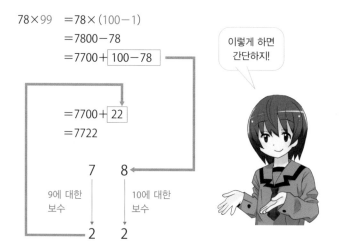

$$
\begin{aligned}
78 \times 99 &= 78 \times (100 - 1) \\
&= 7800 - 78 \\
&= 7700 + \boxed{100 - 78} \\
&= 7700 + \boxed{22} \\
&= 7722
\end{aligned}
$$

이렇게 하면 간단하지!

7　8

9에 대한 보수　　10에 대한 보수

2　2

(1) 65×99 $= 65 \times (100 - 1) = 6500 - 65 = 6435$

(2) 13×99 $= 13 \times (100 - 1) = 1300 - 13 = 1287$

(3) 98×99 $= 98 \times (100 - 1) = 9800 - 98 = 9702$

(4) 23×999 $= 23 \times (1000 - 1)$
$= 23000 - 23$
$= 22900 + 100 - 23 = 22977$

(5) 438×999 $= 438 \times (1000 - 1)$
$= 438000 - 438$
$= 437000 + 1000 - 438 = 437562$

(6) 832×999 $= 832 \times (1000 - 1)$
$= 832000 - 832$
$= 831000 + 1000 - 832 = 831168$

(7) 35×9999 $= 35 \times (10000 - 1)$
$= 350000 - 35$
$= 349900 + 100 - 35 = 349965$

참고로 위의 뺄셈에서는 **1-8**의 '보수를 간단히 구하는 방법'이 유용하다.

10과 100 이외의 '알맞은 수'를 찾기

예제

$$① \ 44 \times \underbrace{19} = 44 \times (\underbrace{20} - 1) = 880 - 44 = 836$$

19가 나오면 알맞은 수로 20을 쓰자!

$$② \ 44 \times \underbrace{21} = 44 \times (\underbrace{20} + 1) = 880 + 44 = 924$$

21이 나오면 알맞은 수로 20을 쓰자!

여기에서는 2-12에서 배운 것을 발전시켜 보자. 44×19보다 44×20이 훨씬 계산하기가 간단하다. 금세 880이라고 암산할 수 있다. 물론 19 대신 20을 곱했으므로 1만큼 나중에 빼야 한다. 이 뺄셈이 어렵지 않다면 위의 예처럼 알맞은 수를 곱해 버리고 속산을 할 수 있다.

연습

(1) 57×29 $\qquad = 57 \times (30 - 1) = 1710 - 57$

$\qquad\qquad\qquad\quad = 1710 - 50 - 7 = 1660 - 7 = 1653$

(2) 57×31 $\qquad = 57 \times (30 + 1) = 1710 + 57 = 1767$

(3) 125×51 $\qquad = 125 \times (50 + 1) = 6250 + 125 = 6375$

(4) 64×19 $\qquad = 64 \times (20 - 1) = 1280 - 64 = 1216$

(5) 26×89 $= 26 \times (90 - 1) = 2340 - 26 = 2314$

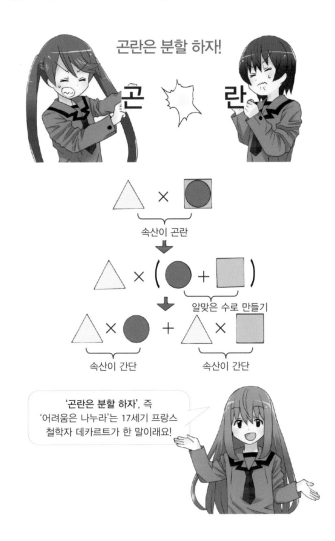

곤란은 분할 하자!

곤 란

속산이 곤란

알맞은 수로 만들기

속산이 간단   속산이 간단

'곤란은 분할 하자', 즉
'어려움은 나누라'는 17세기 프랑스
철학자 데카르트가 한 말이래요!

제3장

규칙을 이용한
속산의 기술

1장에서 속산의 기술은 특효약이라고 했다. 계산을 유심히 보면 특수한 규칙이 많다. 그것을 파악하면 403×39 와 같은 계산도 암산으로 할 수 있다. 여기에서는 특효약의 규칙을 최대한 익혀서 바로바로 쓸 수 있도록 하자. 눈에 띄게 계산 능력이 향상될 것이다.

두 자릿수(세 자릿수, 네 자릿수, ……) ×11 형태의 곱셈

예제

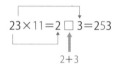

$$23 \times 11 = 2 \square 3 = 253$$

$$2+3$$

전형적인 속산의 규칙 중 하나가 '두 자릿수와 11의 곱셈'이다. 예제와 같이 '23×11'이라면 곱해지는 23이라는 숫자의 일의 자리 3이 그대로 답의 일의 자리 숫자가 된다. 그리고 십의 자리 2가 답의 백의 자리 숫자가 된다. 또한 곱해지는 수인 23의 일의 자리와 십의 자리를 더한 값(2+3)이 답의 십의 자리 숫자가 된다. 물론 답의 십의 자리가 두 자릿수가 되면 올림한다. 이 원리는 아래 계산식을 보면 이해가 될 것이다.

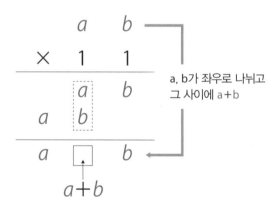

a, b가 좌우로 나뉘고 그 사이에 a+b

(1)
```
      7   2
  ×   1   1
 ─────────────
      7 9 2
        ↑
       7+2
```

(2)
```
      8   7
  ×   1   1
 ─────────────
      8 ⟋5⟍ 7
       ⟋  ⟋
      ⟋1 ⟋        ← 8+7
 ─────────────
      9 5 7
```

(3)
```
      4   8
  ×   1   1
 ─────────────
      4 ⟋2⟍ 8
       ⟋  ⟋
      ⟋1 ⟋        ← 4+8
 ─────────────
      5 2 8
```

좌우로 각각 펼친 후에 한가운데는 양옆의 수를 합하면 되네!

(4)

$$53 \times 11 \ = \ 5\square3 \ = 583$$

$$\underset{5+3}{\uparrow}$$

이 (두 자릿수×11) 기술을 여기까지만 사용하기엔 아깝다. (세 자릿수 ×11), (네 자릿수×11)도 마찬가지 방법으로 간단히 할 수 있다. 원리는 아까와 같으므로 계산 방법만 소개하겠다. 외워 두면 정말 편리하게 쓸 수 있을 것이다.

❖ 세 자릿수×11의 속산법

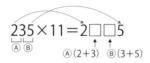

235×11의 경우로 생각하면 세 자릿수인 235의 2와 5를 답인 천의 자리, 일의 자리에 배치한다. 다음으로 235의 백의 자리 2와 십의 자리 3을 더한 5를 답의 백의 자리에 두고, 또 235의 십의 자리 3과 일의 자리 5를 더한 8을 답의 십의 자리에 적는다. 이렇게 글로 설명하면 복잡하지만 그림을 보면 누구나 알 수 있을 것이다.

(답) 235 × 11 = 2585

연습 삼아 세 자릿수×11을 한 문제 더 풀어 보자.
방법은 같으므로 속산하면 325×11=3575로 암산할 수 있다. 이때 올림을 해야 하면 그것도 고려한다.

$$325 \times 11 = 3\square\square5$$
Ⓐ Ⓑ　　　　Ⓐ(3+2)　Ⓑ(2+5)

❖ 네 자릿수×11의 속산법
이 속산은 네 자릿수×11, 다섯 자릿수×11에도 쓸 수 있다. 네 자릿수는 다음과 같다.

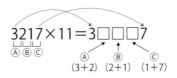

이것도 글로만 설명하면 복잡해지므로 그림을 보는 편이 낫다. 3217(11이 곱해지는 수)의 양 끝에 있는 천의 단위, 일의 단위를 각각 답의 만의 자리, 일의 자리로 이동시킨다. 그다음에는 그림과 같이 더하면 된다.

(답) 3217 × 11 = 35387

다음의 네 자릿수×11의 예는 올림을 해야 하는 경우다. 이것도 같은 방법으로 속산하지만 3 + 9=12, 9 + 6=15에서 올리므로 답은 다음과 같다.

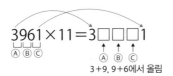

만의 자리→3, 천의 자리→(3 + 9)=12
백의 자리→(9 + 6)=15, 십의 자리→(6 + 1)=7, 일의 자리→1
(답) 3961 × 11 = 43571

십의 자리의 합이 10, 일의 자리가 같은 수의 곱셈

예제

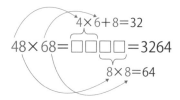

$$48 \times 68 = \square\square\square\square = 3264$$

$4 \times 6 + 8 = 32$

$8 \times 8 = 64$

　누구나 두 자릿수끼리의 곱셈보다는 한 자릿수의 곱셈이 더 쉽다. 위의 예제로 말하자면 두 자릿수의 곱셈인 48×68보다 $4 \times 6 + 8 = 32$와 $8 \times 8 = 64$의 계산이 더욱 간단하다.

> 48×68보다
> 4×6이
> 더 쉽……네?

　물론 모든 경우가 다 위와 같은 계산을 할 수 있는 것은 아니다. 십의 자리 숫자의 합이 10이고 일의 자리가 같은 숫자인 두 자릿수의 곱셈만 가능하다. 즉, 답에서 백의 자리는 보수끼리의 곱에 일의 자리를 더한 것이며 답의 마지막 두 자리는 일의 자리의 2제곱이다.

(1) 32×72 $= (3 \times 7 + 2) \times 100 + 2^2 = 2304$

(2) 47×67 $= (4 \times 6 + 7) \times 100 + 7^2 = 3149$

(3) 44×64 $= (4 \times 6 + 4) \times 100 + 4^2 = 2816$

(4) 83×23 $= (8 \times 2 + 3) \times 100 + 3^2 = 1909$

(5) 59×59 $= (5 \times 5 + 9) \times 100 + 9^2 = 3481$

❖ 왜 그렇게 될까?

두 개의 수는 $10a + c$, $10b + c$로 나타낼 수 있다. 단 $a + b = 10$

$$\overset{\text{합이 10}}{(10a + c)} \ \overset{\text{같은 수}}{(10b + c)}$$

$$= 100ab + 10c\underset{\underset{10}{\underbrace{\qquad}}}{(a + b)} + c^2$$

$$= 100ab + 100c + c^2$$

$$= 100(ab + c) + c^2$$

$(\square 5)^2$ 형태의 계산

예제

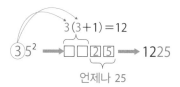

언제나 25

❖ 왜 그렇게 될까?

$$(10a+5)^2$$
$$=100a^2+2\times5\times10a+25$$
$$=100a^2+100a+25$$
$$=100a(a+1)+25$$

구구단을 알면 7^2=49, 9^2=81이라고 금세 나오지만, 이것이 두 자릿수의 제곱이 되면 갑자기 어려워진다. 하지만 만약 일의 자리가 5인 제곱이라면 암산으로 속산할 방법이 있다. 왜 속산이 가능한가 하면 아래 두 자리는 반드시 25가 되고 백의 자리보다 위는

(일의 자리보다 높은 자리의 수)×(일의 자리보다 높은 자리의 수+1)

이 되기 때문이다. 세 자릿수의 제곱도 알맞은 수라면 간단하다.

(1) 15^2

$$\overbrace{1(1+1)=2}$$
$$=\boxed{}\,\boxed{2}\,\boxed{5}=225$$

(2) 75^2

$$\overbrace{7(7+1)=56}$$
$$=\boxed{}\,\boxed{}\,\boxed{2}\,\boxed{5}=5625$$

(3) 45^2

$$\overbrace{4(4+1)=20}$$
$$=\boxed{}\,\boxed{}\,\boxed{2}\,\boxed{5}=2025$$

(4) 95^2

$$\overbrace{9(9+1)=90}$$
$$=\boxed{}\,\boxed{}\,\boxed{2}\,\boxed{5}=9025$$

(5) 115^2

$$\overbrace{11(11+1)=132}$$
$$=\boxed{}\,\boxed{}\,\boxed{}\,\boxed{2}\,\boxed{5}=13225$$

(6) 405^2

$$\overbrace{40(40+1)=1640}$$
$$=\boxed{}\,\boxed{}\,\boxed{}\,\boxed{}\,\boxed{2}\,\boxed{5}=164025$$

(7) 495^2

$$\overbrace{49(49+1)=2450}$$
$$=\boxed{}\,\boxed{}\,\boxed{}\,\boxed{}\,\boxed{2}\,\boxed{5}=245025$$

(8) 995^2

$$\overbrace{99(99+1)=9900}$$
$$=\boxed{}\,\boxed{}\,\boxed{}\,\boxed{}\,\boxed{2}\,\boxed{5}=990025$$

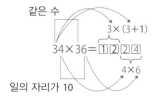

3-4 십의 자리가 같은 수, 일의 자리의 합이 10인 곱셈

예제

여기에서 소개할 것은 두 자릿수끼리의 곱셈 중에서 '십의 자리가 같고, 일의 자리 수의 합이 10'인 경우다. 형태로 보면 **3-3**을 일반화한 것이다. 이 때 답인 백의 자리는 (십의 자리의 수)×(십의 자리의 수＋1)이 되며 답의 아래 두 자릿수는 일의 자리끼리의 곱이다.

또한 이 계산 방법은 다음 페이지의 연습 (3)처럼 일의 자리의 합이 10이라면 '십의 자리가 같은 수'뿐 아니라 '십의 자리 이상이 같은 수'여도 쓸 수 있다. 다만 이 경우 연속된 두 정수의 곱셈이 간단하지 않으면 약간 어렵다.

$a×(a＋1)$의 계산이 중요하구나!

(1) 43×47

$4 \times (4+1) = 20$

$= \square\square\boxed{2}\boxed{1} = 2021$

3×7

(2) 72×78

$7 \times (7+1) = 56$

$= \square\square\boxed{1}\boxed{6} = 5616$

2×8

(3) 303×307

$30 \times (30+1) = 930$

$= \square\square\square\boxed{2}\boxed{1} = 93021$

3×7

❖ 왜 그렇게 될까?

두 개의 수는 $10a + c$, $10b + c$로 나타낼 수 있다. 단 $a + b = 10$

같은 수　　합이 10

$$(10a + b)(10a + c)$$

$$= 100a^2 + 10a\,(b + c) + bc$$

$$= 100a\,(a + 1) + bc \qquad\qquad 10$$

일의 자리의 합이 10, 다른 자리가 같은 수의 곱셈

예제

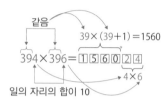

같음

$39 \times (39+1) = 1560$

$394 \times 396 = 156024$

일의 자리의 합이 10

4×6

'일의 자리의 합이 10, 다른 자리가 같은' 두 수의 곱셈을 속산하는 방법이며 앞서 소개한 **3-4**를 더욱 일반화한 것이다. 우선 답의 아래 두 자리는 일의 자리끼리의 곱셈이다. 또한 아래 두 자리를 제외한 자리는 일의 자리를 제외한 부분의 수와 그것에 1을 더한 수, 즉 연속하는 두 개의 수의 곱이다. 따라서 이 계산은 연속하는 두 개의 정수의 곱셈을 간단히 구할 수 있을 때 위력을 발휘한다. 그렇기에 **3-4**처럼 '반드시 속산할 수 있다'고는 할 수 없다.

394

396

둘의 차이는 일의 자리. 그런데 일의 자리 숫자가 서로 보수네.

×

(1) 405^2

$$\overbrace{40 \times (40+1) = 1640}$$
$$= \square\square\square\square\boxed{2}\boxed{5} = 164025$$
$$\underbrace{5 \times 5}$$

(2) 902×908

$$\overbrace{90 \times (90+1) = 8190}$$
$$= \square\square\square\square\boxed{1}\boxed{6} = 819016$$
$$\underbrace{2 \times 8}$$

(3) 114×116

$$\overbrace{11 \times (11+1) = 132}$$
$$= \square\square\square\boxed{2}\boxed{4} = 13224$$
$$\underbrace{4 \times 6}$$

(4) 143×147

$$\overbrace{14 \times (14+1) = 210}$$
$$= \square\square\square\boxed{2}\boxed{1} = 21021$$
$$\underbrace{3 \times 7}$$

(5) 593×597

$$\overbrace{59 \times (59+1) = 3540}$$
$$= \square\square\square\square\boxed{2}\boxed{1} = 354021$$
$$\underbrace{3 \times 7}$$

3-6 아래 두 자리 수의 합이 100, 다른 자리가 같은 수의 곱셈

예제

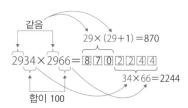

3-5에서는 '일의 자리 수의 합이 10, 다른 자리는 같은 수의 곱셈'을 다뤘다. 여기에서는 한 단계 올라가서 '아래 두 자리 수의 합이 100, 다른 자리는 같은' 경우를 알아보자. 이때도 3-5와 마찬가지로 답인 아래 네 자리의 수는 한쪽의 아래 두 자리와 다른 쪽의 아래 두 자리의 곱셈이다. 아래네 자리를 뺀 자리는 '(같은 부분의 수)×(같은 부분의 수+1)'이다.

> 둘의 차이는 아래 두 자리뿐.
> 그런데 아래 두 자리는
> 서로 보수(합하면 100)네.

2934

2966

(1) 152×148

$$1 \times (1+1) = 2$$

$= \square\square\square\square\square = 22496$

$52 \times 48 = 2496$

$\|$

$(50+2)(50-2) = 50^2 - 2^2 = 2500 - 4$

※ **3-7** 내용을 이용

(2) 652×648

$$6 \times (6+1) = 42$$

$= \square\square\square\square\square\square = 422496$

$52 \times 48 = 2496$

(1)과 같음

(3) 3052×3048

$$30 \times (30+1) = 930$$

$= \square\square\square\square\square\square\square = 9302496$

$52 \times 48 = 2496$

(1)과 같음

(4) 7059×7041

$$70 \times (70+1) = 4970$$

$= \square\square\square\square\square\square\square\square = 49702419$

$59 \times 41 = 2419$

2-13을 활용해 $59 \times (40+1)$
$= 2360 + 59$
$= 2419$

※ 자릿수가 커지면 곱셈이 쉽지 않기에 속산도 어렵다.

중간값에 착안한 계산 기술

예제

$$\underset{\substack{\uparrow\ \uparrow \\ \text{중간값인}\\ \text{'40'을 주목}}}{\underbrace{41}\times\underbrace{39}} = (40+1)(40-1) = \underset{\substack{\\ (m+n)(m-n)=m^2-n^2\\ \text{을 이용한다}}}{\underline{40^2-1^2}}$$

(1600−1) 이다!

중학교 때 다음과 같은 공식을 외운 적이 있을 것이다.

$$(m+n)(m-n) = m^2 - n^2$$

이는 '중간값'에 착안한 것으로 예제의 경우 우선 41과 39의 중간인 40을 주목한다. 다음으로 40과 두 개의 수 41, 39의 차이 ±1을 이용하면 41 × 39는 (40+1)(40-1)로 변형할 수 있다. 공식을 이용하면 1600-1이 되므로 이제 암산할 수 있다.

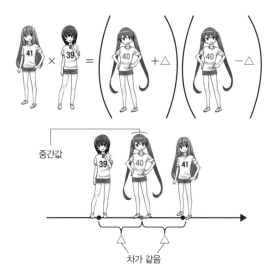

(1) 11×9 $= (10+1)(10-1) = 10^2 - 1^2 = 100 - 1 = 99$

※ 앞 페이지의 방법을 쓸 난이도는 아니지만 '연습'이다.

(2) 14×16 $= (15-1)(15+1) = 15^2 - 1^2 = 225 - 1 = 224$

(3) 51×49 $= (50+1)(50-1) = 50^2 - 1^2 = 2500 - 1 = 2499$

(4) 99×101 $= (100-1)(100+1) = 100^2 - 1^2 = 10000 - 1 = 9999$

(5) 403×397 $= (400+3)(400-3) = 400^2 - 3^2 = 160000 - 9$
                                 $= 159991$

(6) 310×290 $= (300+10)(300-10) = 300^2 - 10^2 = 90000 - 100$
                                   $= 89900$

(7) 611×589 $= (600+11)(600-11) = 600^2 - 11^2 = 360000 - 121$
                                   $= 359879$

참고   a×b를 합과 차의 곱으로 변환하는 공식

주어진 a, b에 대해 다음 공식을 이용하면 a×b를 합과 차의 곱으로 변형할 수 있다.

$$a \times b = \left(\frac{a+b}{2} + \frac{a-b}{2} \right)\left(\frac{a+b}{2} - \frac{a-b}{2} \right)$$

알맞은 수로 만들어 '제곱수' 구하기

예제

$$13^2 = \boxed{(13-3)}\,\boxed{(13+3)} + 3^2$$

어느 한쪽을 '알맞은 수'로 만들어 버림
(여기에서는 왼쪽이 10)

어떤 수의 2제곱을 구할 때 한 자리라면 좋지만 두 자리가 되면 번거롭다. 가령 73^2을 구하라고 하면 약간 곤란하다. 하지만 아래 공식을 이용한 효과적인 방법이 있다.

$$m^2 = (m-n)(m+n) + n^2$$
$$m^2 = (m+n)(m-n) + n^2$$

이때 m에 적당한 수 n을 더하거나 빼서 m+n이나 m-n 중 어느 한쪽을 알맞은 수인 10이나 100 같은 수로 만든다. 10이나 100의 곱셈은 곱해지는 수가 어떤 수더라도 간단히 계산할 수 있다. 마지막으로 을 더하면 답을 구할 수 있다.

$$13^2 = 13 \times 13$$

3을 빼면
알맞은 수인 10

3을 뺐으므로
3을 더함

$$(13-3) \times (13+3) + 3^2$$

$(13-3)(13+3) = 13^2 - 3^2$ 이므로 3^2을 더함

$$= 10 \times 16 + 3^2 = 160 + 3^2 = 169$$

(1) 11^2 $= (11-1)(11+1) + 1^2 = 10 \times 12 + 1 = 120 + 1 = 121$

(2) 12^2 $= (12-2)(12+2) + 2^2 = 10 \times 14 + 4 = 140 + 4 = 144$

(3) 13^2 $= (13-3)(13+3) + 3^2 = 10 \times 16 + 9 = 160 + 9 = 169$

(4) 14^2 $= (14-4)(14+4) + 4^2 = 10 \times 18 + 16 = 180 + 16 = 196$

(5) 15^2 $= (15-5)(15+5) + 5^2 = 10 \times 20 + 25 = 200 + 25 = 225$

(6) 16^2 $= (16+4)(16-4) + 4^2 = 10 \times 24 + 16 = 240 + 16 = 256$

(7) 17^2 $= (17-7)(17+7) + 7^2 = 10 \times 24 + 49 = 240 + 49 = 289$

(8) 18^2 $= (18-8)(18+8) + 8^2 = 10 \times 26 + 64 = 260 + 64 = 324$

(9) 19^2 $= (19-9)(19+9) + 9^2 = 10 \times 28 + 81 = 280 + 81 = 361$

(10) 41^2 $= (41-1)(41+1) + 1^2 = 40 \times 42 + 1 = 1680 + 1 = 1681$

(11) 99^2 $= (99+1)(99-1) + 1^2 = 100 \times 98 + 1 = 9800 + 1 = 9801$

(12) 67^2 $= (67+3)(67-3) + 3^2 = 70 \times 64 + 9 = 4480 + 9 = 4489$

(13) 301^2 $= (301-1)(301+1) + 1^2 = 300 \times 302 + 1 = 90600 + 1$
$= 90601$

100에 가까운 수끼리의 곱셈 규칙

예제

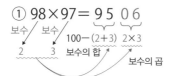

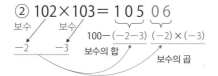

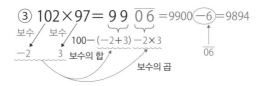

100에 가까운 수끼리 곱할 때 좋은 방법이 있다. 둘 다 100에 가까운 수이기에 보수가 대체로 한 자릿수의 숫자이므로 보수의 합과 곱으로 곱셈 값을 구한다.

Ⓐ 답의 아래 두 자리······보수의 곱
Ⓑ 그 위의 자리······100-(보수의 합)

①은 보수가 모두 양수, ②는 보수가 모두 음수, ③은 보수 중 한쪽이 양수, 다른 쪽이 음수인 경우다. 어떤 경우라도 계산 방법은 Ⓐ, Ⓑ로 같다. 다만 ③의 경우에는 보수의 합이 음수가 되므로 처럼 바를 그려서 표현하고 마지막에 뺄셈으로 처리한다.

기준수가 1000, 10000, ……일 때도 같은 방법으로 계산할 수 있지만 그때는 (기준수의 자릿수－1) 자릿수 부분이 보수의 곱이다.

연습

(1) 95×98 = 9310

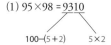

보수가 5와 2인 경우

(2) 101×102 = 10302

100－(−1−2)   (−1)×(−2)

보수가 −1과 −2인 경우

(3) 95×101 = 96̄05 = 9595

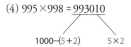

100－(5−1)   5×(−1)

보수 5와 −1인 경우
0̄5는 −05=−5를 뜻함
즉 96̄05=9600－5=9595

(4) 995×998 = 993010

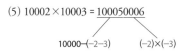

1000－(5+2)   5×2

기준수가 1000으로 네 자릿수이므로
여기에서 1을 뺀 아래 세 자리가
보수 5와 2의 곱, 즉 10

(5) 10002×10003 = 100050006

10000－(−2−3)   (−2)×(−3)

기준수가 10000으로 다섯 자리이므로
여기에서 1 뺀 나머지 네 자리가
보수 −2와 −3의 곱, 즉 6

'여섯 자릿수의 세제곱근' 암산하기

예제

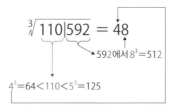

$$\sqrt[3]{110|592} = 48$$

592에서 $8^3 = 512$

$4^3 = 64 < 110 < 5^3 = 125$

어떤 수 a의 세제곱근은 세제곱 하면 a가 되는 수를 가리키며 $\sqrt[3]{a}$라고 표현한다. 세제곱근을 계산하는 공식도 있지만 간단하지 않다. 그러나 만약 정수 a에 대해 그 세제곱근이 '정수'라는 사실을 안다면 비교적 쉽게 구할 수 있게 된다. 그 방법에 대해 알아보자. 시험에서는 이러한 조건에서 세제곱근을 구하게 하는 일이 많기 때문이다.

예제에서 110592의 세제곱근은 정수라는 사실을 알고 있다고 가정하자. 이때 110592의 세제곱근, 즉 $\sqrt[3]{110592}$를 구하려면 다음과 같다. 구하는 수의 십의 자리 숫자를 m, 일의 자리 숫자를 n이라고 하자.

① 110592를 일의 자리부터 세 자릿수마다 나눈다.

$$110 \mid 592$$

② 윗자리 수인 110을 기준으로 세제곱 해서 110을 넘지 않는 최대의 정수 m을 구하면 $4^3 = 64$, $5^3 = 125$이므로 m=4다.

③ 아랫자리 수인 592를 기준으로 세제곱 해서 592의 일의 자리 수인 2가 되는 한 자릿수 숫자 n을 구하면 n=8밖에 없다.

위의 계산에 따라 $\sqrt[3]{110592}=48$이 된다. 또한 ②, ③에서 n값을 구할 때 아래 세제곱 값을 미리 알고 있으면 편하므로 외워 두면 좋다.

일의 자리 숫자가 0~9까지 모두 다르네!

$1^3=1$ $6^3=216$
$2^3=8$ $7^3=343$
$3^3=27$ $8^3=512$
$4^3=64$ $9^3=729$
$5^3=125$ $10^3=1000$

연습

다음 수의 세제곱근은 정수다. 세제곱근을 구하라.

(1) 389017

389 | 017

세제곱 해서 389를 넘지 않는 최대 정수 m을 구하면 $7^3=343$, $8^3=512$이므로 m=7이다. 세제곱 해서 017의 일의 자리 숫자인 7이 되는 한 자릿수 n을 구하면 n=3. 따라서 $\sqrt[3]{389017}=73$

(2) 39304

39 | 304

세제곱 해서 39를 넘지 않는 최대의 정수 m을 구하면 m=3. 세제곱 해서 304의 일의 자리 숫자인 4가 되는 한 자릿수 n을 구하면 n=4. 따라서 $\sqrt[3]{39304}=34$

제4장

계산을 쉽게 할 수 있는 기술

곱셈은 어렵지만 덧셈은 간단하다. 뺄셈은 실수할 수도 있지만 덧셈이라면 쉽게 할 수 있다. 계산 순서를 바꾸거나, 부호를 바꾸거나, 올림을 신경 쓰지 않고 계산하기 위해 조금만 생각해도 계산은 쉬워진다. 여기에서는 그 기술을 소개하겠다.

작은 약수로 분해해 곱셈을 쉽게 하는 방법

예제

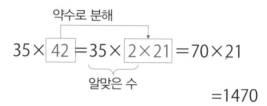

$$35 \times \boxed{42} = 35 \times \boxed{2 \times 21} = 70 \times 21$$
$$= 1470$$

약수로 분해

알맞은 수

큰 수끼리의 곱셈은 어지간히 훈련하지 않으면 암산하기 어렵다. 하지만 한쪽 숫자가 작으면 암산할 수 있다. 거기서 아이디어를 얻은 것이 '한쪽 수를 약수로 분해해 작은 수로 바꾼 후 곱한다'는 기술이다.

예제는 35와 42의 곱셈인데, 35에 42를 직접 곱하는 것은 암산하기가 어렵다. 하지만 35에 42(=2×3×7)의 약수인 2를 곱하기는 쉽다. 35에 2를 곱하면 70이 된다. 그리고 남은 약수 21을 마저 곱하면 된다. 만약 이것이 어렵다면 21의 약수인 3을 먼저 곱한 후 마지막에 7을 곱해도 답은 같다.

분해해서 곱하기 쉬운 짝을 찾아라!

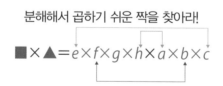

$$\blacksquare \times \blacktriangle = e \times f \times g \times h \times a \times b \times c$$

(1) 32×6 $= 32 \times 2 \times 3 = 64 \times 3 = 192$

(2) 52×25 $= 4 \times 13 \times 25 = 13 \times 100 = 1300$

(3) 12×45 $= 4 \times 3 \times 3 \times 15 = 60 \times 9 = 540$

(4) 22×95 $= 2 \times 11 \times 5 \times 19 = 10 \times \underline{11 \times 19}$

                     $= 10 \times 209 = 2090$ ※11×19 계산은 **3–1** 참조

(5) 532×4 $= 532 \times 2 \times 2 = 1064 \times 2 = 2128$

(6) 75×36 $= 3 \times 25 \times 4 \times 9 = 3 \times 9 \times 100 = 2700$

(7) 62×35 $= 2 \times 31 \times 5 \times 7 = 31 \times 7 \times 10 = 2170$

다양한
곱셈의 기술을
총동원해 봐!

소수의 곱셈을 분수의 곱셈으로 바꾸기

예제

$$84 \times 0.75 = 84 \times \frac{3}{4} = 84 \div 4 \times 3$$
$$= 21 \times 3 = 63$$

소수의 곱셈은 번거로울 때가 많다. 그럴 때는 소수를 분수로 바꾼 후 곱하면 쉽게 계산할 수 있다. 특히 위에 나온 0.75처럼 0.05를 몇 배로 곱한 소수라면 이 방법이 편하다. 이므로 $0.75=\frac{3}{4}$을 곱할 때는 4로 나눈 후 3을 곱해도 되고, 3을 곱한 후 4로 나눠도 된다.

이 기술을 쉽게 쓰기 위해 아래와 같은 소수와 분수의 관계를 미리 알아 두자.

$$0.05 = \frac{1}{20} \qquad\qquad 0.55 = \frac{11}{20}$$

$$0.15 = \frac{3}{20} \qquad\qquad 0.65 = \frac{13}{20}$$

$$0.25 = \frac{5}{20} = \frac{1}{4} \qquad 0.75 = \frac{15}{20} = \frac{3}{4}$$

$$0.35 = \frac{7}{20} \qquad\qquad 0.85 = \frac{17}{20}$$

$$0.45 = \frac{9}{20} \qquad\qquad 0.95 = \frac{19}{20}$$

이러한 관계는 다음처럼 기억해 두면 좋다.
'분모는 20이고 분자는 주어진 소수에 20을 곱한 수'

(예1) $0.45 = \frac{x}{20}$를 만족하는 는 0.45×20에서 9

(예2) $0.95 = \frac{x}{20}$를 만족하는 는 0.95×20에서 19

20으로 나누니까
20을 곱하라……는
말이네

연습

(1) 380×0.95 $= 380 \times \frac{19}{20} = 19 \times 19 = 361$

(2) 14×0.15 $= 14 \times \frac{3}{20} = 0.7 \times 3 = 2.1$

(3) 120×0.35 $= 120 \times \frac{7}{20} = 6 \times 7 = 42$

(4) 36×0.25 $= 36 \times \frac{1}{4} = 9$

(5) 36×0.45 $= 36 \times \frac{9}{20} = 1.8 \times 9 = 16.2$

(6) 135×0.4 $= 135 \times \frac{2}{5} = 27 \times 2 = 54$

5로 나누는 것은 2를 곱하고 10으로 나누는 것

예제

$$130 \boxed{\div 5} = 130 \boxed{\times 2 \div 10} = 26$$

$$325 \boxed{\div 25} = 325 \boxed{\times 4 \div 100} = 13$$

$$1125 \boxed{\div 125} = 1125 \boxed{\times 8 \div 1000} = 9$$

　4-2에서는 '곱셈→나눗셈'으로 고쳤는데 그것은 특수한 경우다. 보통은 나눗셈보다 곱셈이 더 편하다. 다행히 5, 25, 125로 나누는 계산은 간단한 곱셈으로 바꿀 수 있다. 왜냐하면 로 나누는 것은 역수인 을 곱하는 것, 즉 2를 곱하고 10으로 나눈 것이기 때문이다. 마찬가지로 25로 나눈 것은 4를 곱하고 100으로 나눈 것이고, 125로 나눈 것은 8을 곱하고 1000으로 나눈 것이다. 10, 100, 1000으로 나누는 계산을 해야 하지만 이것은 자릿수만 바꾸는 것이니 간단하게 할 수 있다.

　또한 2를 곱하고 10으로 나누는 것은 10으로 먼저 나눈 후 2를 곱하는 것과 같으므로 때에 따라서는 이 방법을 써도 된다.

속산은 임기응변이니까

$$130 \div 5 = 130 \times 2 \div 10 = 13 \times 2$$
$$= 26$$

(1) $17 \div 5$ $= 17 \times 2 \div 10 = 34 \div 10 = 3.4$

(2) $76 \div 5$ $= 76 \times 2 \div 10 = 152 \div 10 = 15.2$

(3) $843 \div 5$ $= 843 \times 2 \div 10 = 1686 \div 10 = 168.6$

(4) $4113 \div 5$ $= 4113 \times 2 \div 10 = 8226 \div 10 = 822.6$

(5) $175 \div 25$ $= 175 \times 4 \div 100 = 700 \div 100 = 7$

(6) $432 \div 25$ $= 432 \times 4 \div 100 = 1728 \div 100 = 17.28$

(7) $1113 \div 25$ $= 1113 \times 4 \div 100 = 4452 \div 100 = 44.52$

(8) $6000 \div 25$ $= 6000 \times 4 \div 100 = 24000 \div 100 = 240$

(9) $22500 \div 25$ $= 225 \times 100 \times 4 \div 100 = 900$

(10) $31 \div 125$ $= 31 \times 8 \div 1000 = 248 \div 1000 = 0.248$

(11) $112 \div 125$ $= 112 \times 8 \div 1000 = 896 \div 1000 = 0.896$

(12) $111000 \div 125$ $= 111 \times 1000 \times 8 \div 1000 = 888$

4로 나눌 때는 2로 두 번 나누기

예제

$$1300 \div 4 = 1300 \div 2 \div 2 = 650 \div 2$$

$$992 \div 8 = 992 \div 2 \div 2 \div 2 = 496 \div 2 \div 2 = 248 \div 2$$

4로 나누는 것은 '2로 나누고 다시 2로 나누는 것'과 같다. 일반적으로 4로 나누는 것보다 2로 나누는 편이 계산하기 쉽다. 따라서 4로 나눌 때는 2로 두 번 나눠 보자.

마찬가지로 8로 나누는 것은 '2로 나누고, 다시 2로 나누고, 또 2로 나누는 것'이다. 즉 2로 세 번 나누면 8로 나눈 것과 같다. 8로 나누기가 어렵게 느껴진다면 8을 작게 나눠 2로 세 번 나누면 된다.

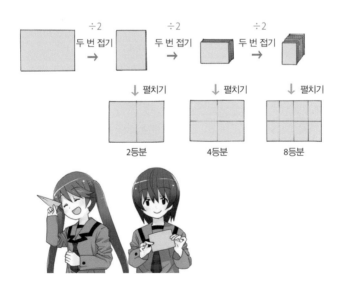

(1) $18 \div 4$
$= 18 \div 2 \div 2 = 9 \div 2 = 4.5$

(2) $224 \div 4$
$= 224 \div 2 \div 2 = 112 \div 2 = 56$

(3) $274 \div 4$
$= 274 \div 2 \div 2 = 137 \div 2 = 68.5$

(4) $1060 \div 4$
$= 1060 \div 2 \div 2 = 530 \div 2 = 265$

(5) $1300 \div 4$
$= 1300 \div 2 \div 2 = 650 \div 2 = 325$

(6) $192 \div 8$
$= 192 \div 2 \div 2 \div 2 = 96 \div 2 \div 2 = 48 \div 2 = 24$

(7) $360 \div 8$
$= 360 \div 2 \div 2 \div 2 = 180 \div 2 \div 2$
$= 90 \div 2 = 45$

(8) $992 \div 8$
$= 992 \div 2 \div 2 \div 2 = 496 \div 2 \div 2 = 248 \div 2$
$= 124$

(9) $1400 \div 8$
$= 1400 \div 2 \div 2 \div 2 = 700 \div 2 \div 2$
$= 350 \div 2 = 175$

(10) $5472 \div 16$
$= 5472 \div 2 \div 2 \div 2 \div 2 = 2736 \div 2 \div 2 \div 2$
$= 1368 \div 2 \div 2 = 684 \div 2 = 342$

한 번으로 힘들면 두 번, 세 번 나누기

예제

$$480 \div 32 = (480 \div 8) \div 4 = 60 \div 4 = 15$$

나눗셈에서는 나누는 수가 커지면 계산이 어려워진다. 그래서 '나누는 수'를 분할해 작은 수로 만든다. 다음 식은 나눗셈을 몇 번 나눠서 해도 된다는 것을 나타낸다.

$$16 = 2 \times 8 \quad \text{이므로}$$

$$240 \div 16 = 240 \div (8 \times 2)$$

$$= (240 \div 8) \div 2 = 30 \div 2 = 15$$

단, 분할한 만큼 나눗셈 횟수가 늘어나는 것은 감수하자.

이처럼 나눗셈을 여러 번 나눠서 할 때 주의해야 할 점이 있다. 그것은 중간에 있는 나눗셈을 먼저 하면 안 된다는 것이다. 반드시 왼쪽에서 오른쪽 순서로 계산해야 한다. 다음 계산은 잘못된 예다.

$$6 \div 2 \div 3 = 6 \div (2 \div 3) = 6 \div \frac{2}{3} = 6 \times \frac{3}{2} = 9$$

(원래 정답은 1)

(1) $168 \div 14$

$= 168 \div (2 \times 7)$

$= (168 \div 2) \div 7 = 84 \div 7 = 12$

(2) $270 \div 45$

$= 270 \div (9 \times 5)$

$= (270 \div 9) \div 5 = 30 \div 5 = 6$

(3) $575 \div 115$

$= 575 \div (5 \times 23)$

$= (575 \div 5) \div 23 = 115 \div 23 = 5$

(4) $726 \div 66$

$= 575 \div (5 \times 23)$

$= (575 \div 5) \div 23 = 115 \div 23 = 5$

(5) $1080 \div 72$

$= 1080 \div (2 \times 6 \times 6)$

$= (1080 \div 2) \div 6 \div 6 = 540 \div 6 \div 6$

$= 90 \div 6 = 15$

한 번으로 어려우면 분할해서 두 번,
세 번 나누면 쉽대!

계산하기 편한 순서로 바꾸기

예제

$$45 \times 32 \div 9 = 45 \div 9 \times 32 = 5 \times 32 = 160$$

순서 바꾸기   편해짐!

계산할 때는 보통 '곱셈 · 나눗셈'을 '덧셈 · 뺄셈'보다 우선 해야 한다. 그 다음부터는 왼쪽에서 오른쪽 순서로 계산한다. 물론 (　)가 있으면 (　) 안의 계산이 먼저다. 이러한 규칙에 어긋나지 않는 한 계산 순서는 적절히 바꿀 수 있다.

$$a \boxed{\times b \div c} = \frac{a \times b}{c}$$

순서를 바꿈

$$= \frac{a}{c} \times b = a \boxed{\div c \times b}$$

예제에서는 '×32'와 '÷9'의 순서를 바꿨는데 만약 '32'와 '9'만 바꾸면 $45 \times 32 \div 9 \neq 45 \times 9 \div 32$가 되어 다른 식이 되므로 조심하자. '×32'와 '÷9'를 기호와 함께 움직이는 것이 중요하다.

(1) $45 \times 32 \div 90$ $= 45 \div 90 \times 32 = \frac{1}{2} \times 32 = 16$

(2) $490 \times 12 \div 98$ $= 490 \div 98 \times 12 = 5 \times 12 = 60$

490에 12를 곱하고 98로 나누는 것을 암산으로 하기는 너무 어렵다. 하지만 순서를 바꾸면 쉽다.

(3) $35 \times 68 \div 5$ $= 35 \div 5 \times 68 = 7 \times 68 = 476$

(4) $18 \times 44 \div 3$ $= 18 \div 3 \times 44 = 6 \times 44 = 264$

(5) $225 \times 8 \div 15$ $= 225 \div 15 \times 8 = 15 \times 8 = 120$

(6) $169 \times 12 \div 13$ $= 169 \div 13 \times 12 = 13 \times 12$

$= (12 + 1) \times 12 = 12 \times 12 + 12$

$= 144 + 12 = 156$

(7) $25 \div 125 \times 40$ $= 25 \times 40 \div 125 = 1000 \div 125 = 8$

(8) $5 \div 100 \times 88$ $= 5 \times 88 \div 100 = 440 \div 100 = 4.4$

이런 걸 조심해야 해
a+b=b+a
a−b≠b−a
a×b=b×a
a÷b≠b÷a

4-7 세 자리의 수를 9로 나누는 계산을 속산하기

예제

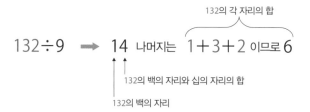

132의 각 자리의 합

$132 \div 9 \;\Rightarrow\; 14$ 나머지는 $1+3+2$ 이므로 6

132의 백의 자리와 십의 자리의 합

132의 백의 자리

세 자리의 수를 9로 나눌 때는 다음과 같이 계산하면 암산으로 속산할 수 있다.

① 몫의 십의 자리는 나눠지는 수의 백의 자리.

② 몫의 일의 자리는 나눠지는 수의 백의 자리 숫자와 십의 자리 숫자를 더한 값. 단, 이것이 두 자릿수가 되면 몫의 십의 자리로 올림 한다.

③ 나눠지는 수의 각 자리 숫자를 더한 것이 나머지. 단, 이 값이 9 이상이면 다시 9로 나눠 그 몫은 ②로 올리고 난 나머지가 실제 나머지가 된다.

실제 계산에서는 올림 때문에 반대로 ③, ②, ① 순서가 더 편할 때가 많아

(1) $123 \div 9$ ➡ **13** 나머지는 $1+2+3=6$

> 따라서
> 몫은 13,
> 나머지는 6

②$1+2=3$

①백의 자리인 1

---

③$2+8+1=11$을 9로 나눈 몫은 1, 나머지는 2

(2) $218 \div 9$ ➡ **24** 나머지는 $2+8+1$이므로 2

> 따라서
> 몫은 24,
> 나머지는 2

②$2+1=3$에 ③의 1을 더해 4

①백의 자리인 2

---

③$6+1+9=16$을 9로 나눈 몫은 1, 나머지는 7

(3) $619 \div 9$ ➡ **68** 나머지는 $6+1+9$이므로 7

> 따라서
> 몫은 68,
> 나머지는 7

②$6+1=7$에 ③의 1을 더해 8

①백의 자리인 6

---

③$7+8+9=24$를 9로 나눈 몫은 2, 나머지는 6

(4) $789 \div 9$ ➡ **87** 나머지는 $7+8+9$이므로 6

> 따라서
> 몫은 87,
> 나머지는 6

②$7+8=15$에 ③의 2을 더해 17

①백의 자리인 7에 ②의 십의 자리에서 올림 한 1을 더해 8

❖ 네 자릿수를 9로 나눌 때

세 자리 이외의 수일 때도 이 '나머지'를 암산할 수 있다. 방법은 똑같지만 8795÷9 같은 경우 올림 할 것이 많아지므로 '나머지 ①'→일의 자리 ②'→십의 자리 ③'→백의 자리 ④''처럼 반대 순서로 계산하는 것이 더 편하다.

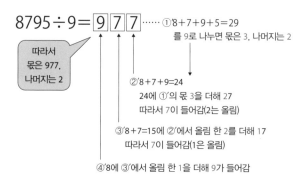

$$8795 \div 9 = \boxed{9}\boxed{7}\boxed{7} \cdots\cdots ①'8+7+9+5=29$$

를 9로 나누면 몫은 3, 나머지는 2

따라서
몫은 977,
나머지는 2

②'8+7+9=24
24에 ①'의 몫 3을 더해 27
따라서 7이 들어감(2는 올림)

③'8+7=15에 ②'에서 올림 한 2를 더해 17
따라서 7이 들어감(1은 올림)

④'8에 ③'에서 올림 한 1을 더해 9가 들어감

❖ 다섯 자릿수를 9로 나눌 때

다섯 자리 이상의 수도 방법은 같다. 단, 자릿수가 커지면 커질수록 올림 할 것도 많아지므로 이때도 '나머지'부터 반대 순서로 계산(①'→②'→③'→④'→⑤')하는 것이 좋다.

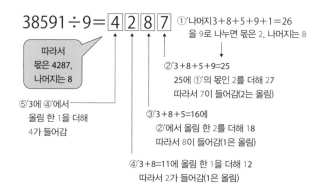

$$38591 \div 9 = \boxed{4}\boxed{2}\boxed{8}\boxed{7}$$

①'나머지3+8+5+9+1=26
을 9로 나누면 몫은 2, 나머지는 8

따라서
몫은 4287,
나머지는 8

②'3+8+5+9=25
25에 ①'의 몫인 2를 더해 27
따라서 7이 들어감(2는 올림)

⑤'3에 ④'에서
올림 한 1을 더해
4가 들어감

③'3+8+5=16에
②'에서 올림 한 2를 더해 18
따라서 8이 들어감(1은 올림)

④'3+8=11에 올림 한 1을 더해 12
따라서 2가 들어감(1은 올림)

자주 쓰이는 두 자릿수의 제곱수 외우기

예제

$$11^2 \rightarrow 121 \qquad\qquad 16^2 \rightarrow 256 \cdots\cdots 2^8$$
$$12^2 \rightarrow 144 \qquad\qquad 17^2 \rightarrow 289$$
$$13^2 \rightarrow 169 \qquad\qquad 18^2 \rightarrow 324$$
$$14^2 \rightarrow 196 \qquad\qquad 19^2 \rightarrow 361$$
$$15^2 \rightarrow 225$$

위의 제곱수는 외워 두면 속산에 응용할 수 있다. 예를 들면 다음과 같다.

(1) $15 \times 16 = 15 \times (15 + 1) = 15^2 + 15 = 225 + 15 = 240$

　　　　　　　　　　　　　　$\cdots\cdots$연속하는 두 정수의 곱셈에 응용

(2) $14 \times 16 = (15 - 1)(15 + 1) = 15^2 - 1 = 225 - 1 = 224$

　　　　　　　　　　　　　　$\cdots\cdots$**'3−7 중간값에 착안한 계산 기술'**에 응용

(3) $18 \times 16 = (17 + 1)(17 - 1) = 17^2 - 1 = 289 - 1 = 288$

　　　　　　　　　　　　　　$\cdots\cdots$**'3−7 중간값에 착안한 계산 기술'**에 응용

연습

속산은 종합적인 능력이구나!

보수를 이용해 '뺄셈을 덧셈'으로 만들기

예제

$$532-87=532+13-100$$

87의 보수   기준수

보통은 뺄셈보다 덧셈이 더 쉽다. 즉 뺄셈을 덧셈으로 바꿀 수 있다면 속산하기도 쉽다는 뜻이다. 그럴 때는 보수를 쓰면 된다. 가령 예제처럼 87을 빼려면 87의 100에 대한 보수 13을 먼저 더한다. 그런 다음 보수의 기준수 100을 빼면 간단하게 답이 나온다.

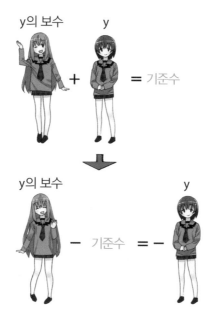

y의 보수   y

+   = 기준수

y의 보수   y

− 기준수 = −

참고로 빼는 수의 보수는 아래와 같이 암산으로 쉽게 구할 수 있다.

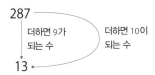

연습

(1) $926 - 97$ $= 926 + 3 - 100 = 929 - 100 = 829$

(2) $984 - 665$ $= 984 + 35 - 700 = 1019 - 700 = 319$

(3) $123 - 62$ $= 123 + 38 - 100 = 161 - 100 = 61$

(4) $532 - 83$ $= 532 + 17 - 100 = 549 - 100 = 449$

(5) $438 - 296$ $= 438 + 4 - 300 = 442 - 300 = 142$

(6) $10000 - 96$ $= 10000 + 4 - 100 = 9900 + 4 = 9904$

                                 ※10004−100으로 해도 되지만 이 방법이 실수가 적다.

(7) $1100 - 762$ $= 1100 + 238 - 1000 = 1338 - 1000 = 338$

(8) $13687 - 4265$ $= 13687 + 5735 - 10000$

                               $= 13687 + 6000 - 265 - 10000$

                               $= 19687 - 265 - 10000$

                               $= 19422 - 10000 = 9422$

반대로 빼서 '빠른 뺄셈'하기

예제

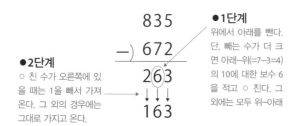

●2단계
○ 친 수가 오른쪽에 있을 때는 1을 빼서 가져온다. 그 외의 경우에는 그대로 가지고 온다.

●1단계
위에서 아래를 뺀다. 단, 빼는 수가 더 크면 아래−위(=7−3=4)의 10에 대한 보수 6을 적고 ○ 친다. 그 외에는 모두 위−아래

뺄셈으로 속산할 때 어려운 점은 '받아내림'이 있다는 것이다. 정공법으로 하자면 우선 각각의 일의 자리 숫자부터 위에서 아래로 뺀다. 단 아래가 위보다 크면 십의 자리로부터 1을 빌려와서 뺀다. 이것이 받아내림이다.

그 후 같은 과정을 십의 자리, 백의 자리…… 거듭해 답을 구한다. 이 정공법은 아래가 위보다 큰 경우 받아내림을 해야 해서 번거롭다. 그래서 고안된 것이 다음과 같은 방법이다.

①각 자리에서 위에서 아래를 뺀다. 어떤 자리부터 계산해도 상관없다.

단, 아래가 위보다 클 때는 아래에서 위를 뺀 수의 10에 대한 보수를 쓰고 ○를 친다.

②각 자리에서 ○ 친 수가 오른쪽에 있을 때는 그 자리의 수에서 1을 뺀다. 그 외의 경우에는 그대로 가지고 온다. 단, ○를 친 숫자는 ○를 지우고 가져온다.

①, ②를 통해 두 수의 뺄셈을 계산할 수 있다.

(1)
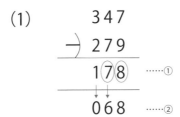

347
−) 279
1⑦8 ……①
068 ……②

(2)
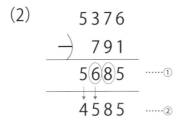

5376
−) 791
5⑥8⑤ ……①
4585 ……②

(3)
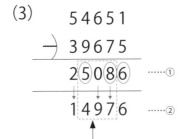

54651
−) 39675
2⑤0⑧⑥ ……①
14976 ……②

0의 오른쪽에 ○ 친 숫자가 있을 때는
0에서 1을 뺄 수 없으니까 왼쪽에서
10을 빌려와서 1을 빼고 9가 되는구나.
이때 0의 왼쪽에서
1을 빼는 것을 잊지 말아야 해!

4-11

받아올림 기호 ' · '을 써서 효율적으로 덧셈하기[3]

예제

8+7=15라 받아올림을 해야 하므로 7 위에 ' · '을 찍고 받아올림 할 숫자는 잊기

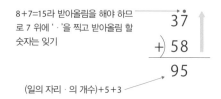

(일의 자리 · 의 개수)+5+3

단순한 덧셈에도 속산법이 있다. 보통 덧셈할 때 각 자리의 숫자를 더하다가 중간에 받아올림 할 부분이 있으면 두 자릿수 이상의 덧셈이 되어 번거롭다. 이때 받아올림 할 부분이 있을 때마다 그곳에 ' · (점)'을 찍고 받아올림 할 숫자는 잊어보자. 그러면 언제든 한 자릿수 계산을 하게 된다. 받아올림 할 숫자는 나중에 ' · '의 개수를 세면 된다. 예제에서는 인도식으로 아래부터 위로 더하는데, 위부터 아래로 더해도 상관없다. 받아올림 할 부분이 있을 때마다 그곳에 ' · '을 찍는 것은 똑같다.

예제에서는 우선 8과 7을 더한다. 그러면 15가 되어 받아올림을 해야 하므로 7 위에 ' · '을 찍는다. 그 후 받아올림은 일단 잊고 아래쪽 한 자릿수의 덧셈만 생각한다. 이 경우에는 여기에서 일의 자리 계산은 끝났기 때문에 15의 아래쪽 한 자릿수인 5만 아래에 쓴다.

다음으로 일의 자리 숫자 위에 찍힌 점의 개수, 이 계산에서는 1을 십의 자리 숫자에 더한다. 일의 자리와 마찬가지로 아래에서 위로 더하고 받아올림 할 부분이 생기면 그 숫자 위에 ' · '을 찍는다. 이 예제에서는 받아올림 할 부분이 없으므로 일의 자리의 점 개수인 1과 십의 자리 숫자 5와 3을 더한 값 9를 십의 자리에 쓴다.

---

3 순환소수의 기호로 쓰이는 숫자 위 점과는 다르다.

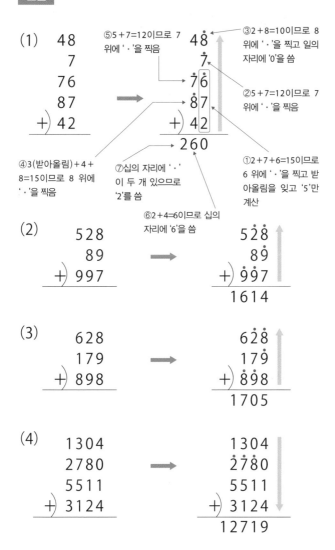

(1)
```
   48
    7
   76
   87
+) 42
```

⑤5＋7=12이므로 7 위에 '·'을 찍음

③2＋8=10이므로 8 위에 '·'을 찍고 일의 자리에 '0'을 씀

②5＋7=12이므로 7 위에 '·'을 찍음

①2＋7+6=15이므로 6 위에 '·'을 찍고 받아올림을 잊고 '5'만 계산

```
   4 8̇
    7̇
   7̇ 6̇
  ·8̇ 7
+) 4 2
  2 6 0
```

④3(받아올림)＋4＋8=15이므로 8 위에 '·'을 찍음

⑦십의 자리에 '·'이 두 개 있으므로 '2'를 씀

⑥2＋4=6이므로 십의 자리에 '6'을 씀

(2)
```
   528
    89
+) 997
```
⟹
```
   5 2̇ 8̇
    8 9̇
+) 9̇ 9̇ 7
  1 6 1 4
```

(3)
```
   628
   179
+) 898
```
⟹
```
   6 2̇ 8̇
   1 7 9̇
+) 8̇ 9̇ 8
  1 7 0 5
```

(4)
```
   1304
   2780
   5511
+) 3124
```
⟹
```
   1 3 0 4
   2̇ 7̇ 8 0
   5 5 1 1
+) 3 1 2 4
  1 2 7 1 9
```

큰 수의 덧셈은 두 자리씩 나눠서 하기

예제

$$532842 + 629751 \longrightarrow$$

```
   532842
+) 629751
       93
     125
   115
 1162593
```

　자릿수가 큰 덧셈은 일의 자리부터 더하는 것이 일반적이다. 단, 도중에 받아올림이 있으면 그것을 계산하면서 올라가야 하므로 번거롭다. 그럴 때는 두 자리씩 나눈 숫자를 각각 더하고 마지막에 받아올림을 신경 쓰면서 합치는 방법을 쓸 수 있다. 이 방법이라면 자릿수가 큰 두 수의 덧셈이 작은 수끼리의 덧셈이 되어 빠르게 계산할 수 있다.

연습

(1)　125732 + 311847

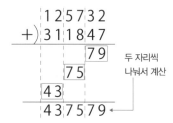

```
   125732
+) 311847
       79
     75
   43
  437579
```

두 자리씩
나눠서 계산

(2) $485429 + 79257$

```
   485429
+)  79257
       86
     146  ← 자릿수가 늘어도
    55      상관없음
  564686
```

(3) $75192358 + 69872475$

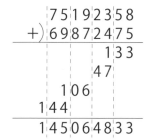

```
   75192358
+) 69872475
         133
        47
     106
   144
  145064833
```

세 자리씩 나눠도 되지만
속산 할 때는
두 자리씩 하는 게 좋대!

그렇구나~

일반적인 두 자릿수끼리의 곱셈

예제

$$34 \times 57 \longrightarrow$$

```
        3 4
   ×)   5 7
   ─────────
   1 5 2 8
   └─┘ └─┘
   3×5 4×7  ······ 위아래를 곱하기
   + 4 1
    └───┘
   3×7+5×4   ······ 엇갈리게 곱해서 더하기
   ─────────
   1 9 3 8
```

두 자릿수끼리의 곱셈은 예제에서 보듯이 일의 자리 숫자끼리의 곱셈과 십의 자리 숫자끼리의 곱셈 값에 일의 자리와 십의 자리의 숫자를 서로 엇갈리게 곱해서 더한 값을 더하면 얻을 수 있다. 한 자릿수의 곱셈을 반복하면 되므로 중간의 받아올림에 신경 쓰지 않아도 돼서 속산할 수 있는 것이다.

왜 악수를……

'서로 엇갈리게 곱해서 더하기' 그러니까 십자 곱셈의 덧셈은 수학에 자주 나온대!

(1)
```
        2 1
    ×)  4 2
2×4  0 8  0 2  1×2
    +)  0 8  2×2+4×1
        8 8 2
```

(2)
```
        1 2
    ×)  3 4
1×3  0 3  0 8  2×4
    +)  1 0  1×4+2×3
        4 0 8
```

(3)
```
        1 1
    ×)  1 2
     0 1 0 2
    +) 0 3
       1 3 2
```

(4)
```
        9 1
    ×)  8 2
     7 2 0 2
    +) 2 6
     7 4 6 2
```

(5)
```
        7 9
    ×)  8 7
     5 6 6 3
    +) 1 2 1
     6 8 7 3
```

(6)
```
        9 9
    ×)  9 8
     8 1 7 2
    +) 1 5 3
     9 7 0 2
```

받아올림을 신경 쓸 필요 없는 '세 자릿수×한 자릿수'

예제

$$
\begin{array}{r}
3\ 8\ 7 \\
\times\quad\ 6 \\
\hline
1\ 8\ 4\ 2 \\
\end{array}
$$

3×6   7×6

$$
+\quad 4\ 8
$$

8×6

$$
\begin{array}{r}
\hline
2\ 3\ 2\ 2
\end{array}
$$

'세 자릿수×한 자릿수' 곱셈은 '두 자릿수×두 자릿수'와 마찬가지로 속산할 수 있다. 예제처럼 우선 세 자릿수의 백의 자리 숫자 3과 일의 자리 숫자 7에 각각 한 자릿수 6을 곱한 값을 선 아래에 쓴다. 다음으로 세 자릿수의 십의 자리 숫자 8과 한 자릿수 6을 곱하고 한 줄 내려온 가운데에 적는다. 마지막에는 위와 아래를 더하면 끝이다.

이 계산 방법은 언뜻 보기에는 복잡하다. 하지만 중간에 받아올림을 신경 쓰지 않고 구구단 계산만으로도 술술 진행되는 것이 장점이다.

받아올림을 신경 안 쓰니까 쉽네!

'888'의 색과 계산 후의
'48"48"48'의 색은
각각 대응돼!

연습

(1)
```
      8 8 8
  ×)      6
  ─────────
    4 8 4 8
 +)   4 8
  ─────────
    5 3 2 8
```

(2)
```
      4 7 5
  ×)      6
  ─────────
    2 4 3 0
 +)   4 2
  ─────────
    2 8 5 0
```

(3)
```
      9 5 4
  ×)      7
  ─────────
    6 3 2 8
 +)   3 5
  ─────────
    6 6 7 8
```

세제곱, 네제곱 속산하기

예제

$$12^3 = \underbrace{(12-2)}_{\text{알맞은 수}} \times 12 \times (12+2) + 12 \times 2^2$$

$$= 10 \times 14 \times 6 \times 2 + 48$$
$$= 10 \times 84 \times 2 + 48$$
$$= 1680 + 48 = 1728$$

$$15^4 = \underbrace{(15-5)}_{\text{알맞은 수}} \times 15^2 \times \underbrace{(15+5)}_{\text{알맞은 수}} + 15^2 \times 5^2$$

$$= 10 \times 15^2 \times 20 + 15^2 \times 5^2$$
$$= 200 \times 225 + 75^2$$
$$= 45000 + 5625 = 50625$$

※75^2은 $(7 \times 8) \times 100 + (5 \times 5) = 5625$(**3-3** 참조)

a가 10이나 100 같은 알맞은 수라면 이나 의 계산도 간단하겠지만 a가 언제나 알맞은 수일 수는 없다. 그러나 a에 적당한 수 d를 더한 (a+d)나 뺀 (a-d)가 알맞은 수가 된다면 이야기는 달라진다. 다음 페이지의 전개 공식을 이용하면 세제곱이나 네제곱의 계산도 비교적 쉽게 할 수 있다.

$$a^3 = (a-d)\,a\,(a+d) + ad^2$$

$$a^4 = (a-d)\,a^2\,(a+d) + a^2 d^2$$

단, $(a+d)$와 $(a-d)$ 양쪽 모두 알맞은 수가 되는 d는 한정되어 있으므로 모든 수 a에서 쉽게 a^3을 암산할 수 있는 것은 아니다.

연습

(1) 11^3 $= 10 \times 11 \times 12 + 11 \times 1^2 = 1320 + 11 = 1331$

(2) 11^4 $= 10 \times 11^2 \times 12 + 11^2 \times 1^2$

                     $= 10 \times 121 \times 12 + 121$

                     $= 10 \times 121 \times (10 + 2) + 121$

                     $= 10 \times (1210 + 242) + 121$

                     $= 14520 + 121 = 14641$

수학 공식에는 규칙성이 있어!
$a^2 = (a-d)\,(a+d) + d^2$
$a^3 = (a-d)\,a\,(a+d) + ad^2$
$a^4 = (a-d)\,a^2(a+d) + a^2 d^2$
$\vdots$

알아 두면 좋은 원주율과 제곱근

원주율과 일부 제곱근(루트)은 평소 생활이나 업무에서도 자주 쓴다. 예를 들어 복사할 때 '면적을 두 배로 확대하고 싶다면 길이의 배율은 얼마인가'하는 질문에 어떻게 대답할 것인가? 정답은 $x^2 = 2$이므로 원래 길이의 $\sqrt{2}$배다.

그러나 $\sqrt{2}$배라는 숫자는 바로 와닿지 않는다. 만약 $\sqrt{2}$배의 근사치가 1.41421356이라는 것을 알고 있다면 곧바로 '약 1.4배예요'라고 대답할 수 있다.

이처럼 원주율이나 몇몇 제곱근은 근사치라도 알고 있으면 편리한 경우가 많다. 아래에 적어둔 숫자를 다 외울 필요는 없지만 한 번씩 읽어 두자.

원주율 $\pi = 3.141592653\cdots\cdots$

$\sqrt{2} = 1.41421356$
$\sqrt{3} = 1.7320508$
$\sqrt{5} = 2.2360679$
$\sqrt{6} = 2.44949$
$\sqrt{7} = 2.64575$
$\sqrt{10} = 3.162277$

제5장

순식간에 본질을 파악하는 어림셈의 기술

숫자를 어림셈하는 실력이 바로 '그 사람의 능력을 보여 준다'고 해도 과언이 아니다. 왜냐하면 우리가 평소에 하는 계산의 대부분은 정밀한 계산이 아닌 '적당한 어림셈'이기 때문이다. 가령 상사가 '매달 회식비랑 인건비, 그중 잔업수당은 얼마 정도 되지?'라고 물었을 때 어림수로 두 자릿수 정도 금액이라도 바로 딱 나오지 않으면 민망하다. 따라서 5장에서는 어림셈 기술을 소개하겠다.

덧셈·뺄셈은 같은 자릿수까지의 어림수를 이용

예제

① $65987+31549$ ······ 정확한 값은 97536

천의 자리(예)까지의 어림수 이용
(백의 자리까지 반올림)

$66000+32000$ ➡ 98000

② $65987-31549$ ······ 정확한 값은 34438

천의 자리(예)까지의 어림수 이용
(백의 자리까지 반올림)

$66000-32000$ ➡ 34000

덧셈·뺄셈으로 어림셈할 때는 각 수를 같은 자릿수까지의 어림수로 한 번 고친 후 계산하면 된다. 어림수로 고칠 때는 보통 반올림을 이용한다. 예제는 통일되는 자릿수를 천의 자리까지로 하고 덧셈과 뺄셈을 한 것이다.

덧붙여 자릿수를 통일하지 않고 한쪽을 천의 자리까지의 어림수, 다른 쪽을 백의 자리까지의 어림수로 고쳐서 더하거나 빼는 것은 아무런 의미가 없다. 통일하는 자릿수를 어디까지로 할지는 때에 따라 다르다.

(1) 13549 + 5362 　　　　　　　(백의 자리)

　　　　　　　　13500 + 5400 = 18900······정확한 값은 18911

(2) 13549 - 5362 　　　　　　　(백의 자리)

　　　　　　　　13500 - 5400 = 8100······정확한 값은 8187

(3) 23758 + 42962 + 5841 　　　　　　　(천의 자리)

　　　　　　　　24000 + 43000 + 6000 = 73000······정확한 값은 72561

(4) 54819 + 32977 - 58419 　　　　　　　(천의 자리)

　　　　　　　55000 + 33000 - 58000 = 30000······정확한 값은 29377

(5) 54819 + 32977 - 58419 　　　　　　　(만의 자리)

　　　　　　　50000 + 30000 - 60000 = 20000······정확한 값은 29377

※(4)와 (5)는 같은 계산이지만 어림수의 자릿수를 바꾼 것. (5)처럼 맨 윗자리까지만 어림수로
고치면 정확한 값과의 차이가 너무 크다. 어림수로 고칠 때는 적어도 위에서 두 자리 정도까
지로 하자.

같은 자릿수까지의 어림수로 곱셈 · 나눗셈하기

예제

① 65987×315 ······정확한 값은 20785905

위에서부터 두 자릿수(예)까지의 어림수 이용

66000×320 ➡ 21120000 ➡ 21000000

② $65987 \div 315$ ······정확한 값은 209.48······

위에서부터 두 자릿수(예)까지의 어림수 이용

$66000 \div 320$ ➡ 206.25 ➡ 210

곱셈 · 나눗셈에서의 어림셈은 위쪽의 자릿수를 맞춘 후 계산하면 된다. 어림수로 고칠 때는 보통 반올림을 이용한다. 예제는 위에서 두 자릿수까지의 어림수로 맞춰서 곱셈 · 나눗셈한 예다. 위에서 몇 자릿수까지 할지는 그때그때 다르다.

다음 페이지의 계산 예시를 보면 알 수 있듯이 한 자릿수까지의 어림셈은 오차가 너무 클 수도 있다.

다음의 어림셈을 하시오. 단, 위에서 (   ) 안까지의 자릿수를 어림수로 고쳐
서 계산하기로 함.

(1) 135×53 (한 자리)……정확한 값은 7155
$$100 \times 50 = 5000$$

(2) 135×53 (두 자리)……정확한 값은 7155
$$140 \times 53 = 7420 \quad \rightarrow \quad 7400$$

(3) 483297×26945 (두 자리)……정확한 값은 13022437665
$$480000 \times 27000 = 12960000000 \quad \rightarrow \quad 13000000000$$

(4) 483297×26945 (세 자리)……정확한 값은 13022437665
$$483000 \times 26900 = 12992700000 \quad \rightarrow \quad 13000000000$$

(5) $483297 \div 26945$ (두 자리)……정확한 값은 17.936426……
$$480000 \div 27000 = 17.7777…… \quad \rightarrow \quad 18$$

(6) $483297 \div 26945$ (세 자리)……정확한 값은 17.936426……
$$483000 \div 26900 = 17.9553…… \quad \rightarrow \quad 18.0$$

5-3

'올림과 버림'으로 곱셈을 어림셈하기

예제

① 75×46 ······정확한 값은 3450

위에서 한 자릿수(예)까지의 어림셈 이용. 단
한쪽은 올림, 다른 한쪽은 버림

80×40 ➡ **3200**

(70×50으로 해도 됨)

② 79×46 ······정확한 값은 3634

위에서 두 자릿수(예)까지의 어림셈 이용. 단
한쪽에 1을 더했으므로 다른 한쪽은 1을 뺌

80×45 ➡ **3600**

원래 수로부터 어림수를 구할 때는 '반올림'을 자주 쓴다. 하지만 반올림만 쓰다 보면 결과적으로 모든 수를 올림 하거나 반대로 모든 수를 버림 하게 될 때도 있다. 이럴 때는 오차가 커진다.

따라서 한쪽 수를 올림 했다면 다른 한쪽은 버림을 해 공평하게 만들어서 오차를 줄이는 것이 이 어림셈의 목표다. 인간적인 배려처럼 보이지만 현실적인 대처라고 할 수 있다.

예제의 ①이 이 예다. 만약 79×49 정도라면 반올림해서 양쪽 모두 올림을 해도 오차가 적을 것이다. 하지만 ①의 경우처럼 75×46은 둘 다 일의 자리 숫자가 중간값인 '5'에 매우 가깝지만 반올림하면 모두 올림을 하게 된다. 이대로 어림셈 계산을 하면 계산 결과가 너무 커져 버린다. 따라서 ①

에서는 한쪽을 올림 하고 다른 한쪽을 버림 해 계산한 결과 3200이 나왔다. 만약 양쪽 모두 올림 해서 계산했다면 80×50=4000이 되므로 정확한 값인 3450과의 차가 더 벌어졌을 것이다.

덧붙여 한쪽 수에 알맞은 수를 더하고 다른 쪽 수에서는 그만큼 빼는 어림셈도 있다. 예제 ②가 그것이다. ②에서는 '79 → 80'으로 1만 더해서 알맞은 수가 되었다. 그래서 다른 쪽 수를 '46 → 45'로 1만큼 줄였다. 한쪽이 80이라는 계산하기 편한 숫자가 되었으니 쉽게 암산할 수 있다.

'어림수 구하기'에 어떤 방법을 쓸지는 대상이나 상황에 따라 다르다. 또한 이런 어림수 구하기 방법은 덧셈이나 뺄셈에도 쓸 수 있다. 속산은 뭐가 됐든 임기응변이 기본이다.

연습

다음의 어림셈을 하시오. 단, (1)과 (2)는 위에서 (   )안까지의 자릿수를 어림수로 고쳐서 계산하기로 함.

(1) 135×534   (두 자리)

140×530 = 74200……정확한 값은 72090

↑ 올림   ↑ 버림

(2) 4792×3524   (한 자리)

5000×3000 = 15000000……정확한 값은 16887008

↑ 올림   ↑ 버림

(2)의 어림셈 계산은 '한 자릿수'만 남긴 어림수라 오차가 크게 날 것 같지만 '올림·버림'을 이용함으로써 오차가 적어졌다. 또한 이렇게 고치면 암산도 할 수 있다. 때에 따라 알맞게 속산을 활용하도록 하자!

(3) 48×22

$50 \times 20 = 1000$······정확한 값은 1056

2를 더함 2를 뺌

(4) 395×155

$400 \times 150 = 60000$······정확한 값은 61225

5를 더함 5를 뺌

(3)과 (4)는 자릿수가 쓰여 있지 않다. 이런 경우 '올림·버림'을 반드시 할 필요는 없다.

5-4

1에 가까운 수의 n제곱을 어림셈하기

포인트

거듭제곱의 계산을 곱셈으로 고친다!
$$(1+0.002)^3 \fallingdotseq 1+3\times0.002$$

이것은 약간 복잡한 어림셈인데 알아두면 무척 도움이 된다. 바로 '1'에 매우 가까운 수일 때 사용하는 거듭제곱 계산이다. 실제로 요즘 금리 계산 같은 것들은 거듭제곱 계산으로 한다. 기업의 매출 예측, 시장의 성장 예측 같은 것들도 최근에는 변화가 미미한 경우가 많기에 충분히 쓸 수 있으며 심지어 암산도 할 수 있다.

아래 식에서 보듯이 h가 0에 가까운 수일 때 (1 + h)의 n제곱은 약 1 + nh 이다. 거듭제곱 계산이 곱셈으로 간단해진 것이다.

$$(1+h)^n \fallingdotseq 1+nh \qquad (h \fallingdotseq 0)$$

이것을 이용하면 1에 가까운 수의 n제곱을 간단히 계산할 수 있어서 편리하다. 전자계산기나 컴퓨터를 쓰더라도 거듭제곱 계산은 번거롭다. 그것이 간단한 곱셈으로 해결되니 얼마나 편리한가.

연습

다음 거듭제곱을 어림수로 구하시오.

(1) $(1.002)^3$······세제곱의 어림수

$$= (1 + 0.002)^3 ≒ 1 + 3 × 0.002 = 1.006$$

(정확한 값은 1.00601······)

(2) $(1.002)^5$······다섯제곱이 어림수

$$= (1 + 0.02)^5 ≒ 1 + 5 × 0.02 = 1.1$$

(정확한 값은 1.10408······)

(3) $(0.997)^4$······네제곱의 어림수

$$= (1 - 0.003)^4 ≒ 1 - 4 × 0.003 = 0.988$$

(정확한 값은 0.988053······)

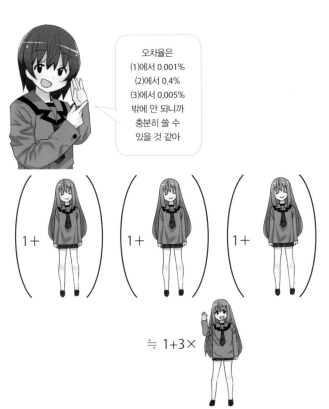

오차율은
(1)에서 0.001%
(2)에서 0.4%
(3)에서 0.005%
밖에 안 되니까
충분히 쓸 수
있을 것 같아

$≒$ 1+3×

1에 가까운 수의 제곱근을 어림셈하기

$$\sqrt{1.006} \fallingdotseq 1 + \frac{1}{2} \times 0.006$$

이번에는 반대로 제곱근(루트)을 간단하게 구하는 방법이다. h가 0에 가까울 때 (1 + h)의 제곱근은 약 $(1 + \frac{1}{2}h)$다.

$$\sqrt{1+h} \fallingdotseq 1 + \frac{1}{2}h \quad (h \fallingdotseq 0)$$

이것을 이용하면 1에 가까운 수의 제곱근을 간단히 계산할 수 있으므로 편리하다. 여기서 제곱근을 나타내는 기호 $\sqrt{}$는 $\sqrt[n]{}$의 2가 생략된 것이다. 세제곱근의 경우에도 제곱근과 마찬가지로 h가 0에 가까운 수일 때 $\sqrt[3]{1+h} \fallingdotseq 1 + \frac{1}{3}h$가 된다. 마찬가지로 네제곱근은 $\sqrt[4]{1+h} \fallingdotseq 1 + \frac{1}{4}h$, 다섯제곱근은 $\sqrt[5]{1+h} \fallingdotseq 1 + \frac{1}{5}h$이다.

연습

다음 제곱근을 어림수로 구하시오.

(1) $\sqrt{1.001} = (1 + 0.001)^{\frac{1}{2}} \fallingdotseq 1 + \frac{1}{2} \times 0.001$

$\qquad = 1 + 0.0005 = 1.0005$ （정확한 값은 1.000499875……)

(2) $\sqrt{0.98} = (1 - 0.02)^{\frac{1}{2}} \fallingdotseq 1 + \frac{1}{2} \times 0.02$

$\qquad = 1 - 0.01 = 0.99$ （정확한 값은 0.98994……)

'$2^{10} \fallingdotseq 1000$'으로 어림셈하기

$2^{10} \fallingdotseq 1000$으로 가정하면 쉽게 어림셈할 수 있다!

2^{10}의 값은 $2 \times 2 \times 2 \times 2$……로 2를 10번 곱해서 구하면 되는데 정확히는 1024다. 그러나 이 값을 1000으로 가정하고 이용하면 다양한 어림셈이 편리해진다.

가령 어떤 병원균이 1분마다 2배로 증식할 때 최초에 한 마리였던 병원균의 한 시간, 즉 60분 후의 수는 다음과 같은 방법으로 구할 수 있다.

$$\underbrace{1 \times 2 \times 2 \times 2 \times \cdots \times 2 \times 2}_{\text{2를 60번 곱함}} = 2^{60} = (2^{10})^6 \fallingdotseq 1000^6 = (10^3)^6 = 10^{18}$$

'엄청나게 큰 수'라는 건 알겠지만 2^{60}은 대체 어느 정도 큰 수일까? 100억일지 10조일지 그 단위조차 상상하기 어렵다. 보통 사람이 파악하기 쉬워지려면 역시 십진수로 나타내야 한다.

이때 $2^{10} = 1000$이라고 가정해 보자. 즉 $2^{10} \fallingdotseq 10^3$이라고 하면 $2^{60} \fallingdotseq (10^3)^6 = 10^{18} = 1,000,000,000,000,000,000$이다. 100경인 것이다. 경은 조보다 한 단계 위의 단위다.

이참에 2^{10}뿐만 아니라 3^{10}이나 5^{10}도 알아두면 편리하다. 이 세 가지를 세트로 기억해 두자.

$2^{10} = 1024 \fallingdotseq 1000 = 천$

$3^{10} = 59049 \fallingdotseq 60000 = 6만$

$5^{10} = 9765625 \fallingdotseq 10000000 = 1000만$

연습

다음 문제를 푸시오.

어떤 모임의 회원이 되면 6만 원의 이익을 얻을 수 있다고 한다. 단, 회원
은 다음 규약에 따라야 한다.

(1) 가입비 10만 원을 낸다.

(그중 2만 원은 본부에, 8만 원은 권유한 상위 회원에게)

(2) 회원은 반드시 새로운 회원 두 명을 영입한다.

이 규약에 따라 점점 회원을 늘릴 때 이 모임의 본부 수입은 20세대 후에
얼마가 될지 그 금액을 구하라. 단, 1세대의 가입비 10만 원은 전액을 본부
에 낸다.

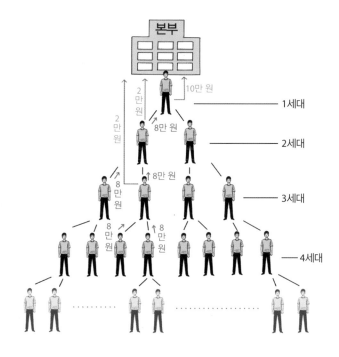

$10 + 2 \times 2 + 2 \times 4 + 2 \times 8 + 2 \times 16 + \cdots$

$= 8 + 2 + 2 \times 2 + 2 \times 4 + 2 \times 8 + 2 \times 16 + \cdots$

$= 8 + 2(1 + 2 + 2^2 + 2^3 + 2^4 + \cdots + 2^{19})$　※1) 참조

$= 8 + 2\dfrac{2^{20} - 1}{2 - 1} = 8 + 2(2^{20} - 1)$　※2) 참조

$= 8 + 2\{(2^{10})^2 - 1\} \fallingdotseq 8 + 2\{(10^3)^2 - 1\} = 6 + 2 \times 10^6$

$\fallingdotseq 2000000$(만 원)

즉 약 200억 원이다.

이러한 원리의 판매 방식은 피라미드식 다단계로 불리며 법으로 금지되어 있다. 왜냐하면 1세대부터 20세대까지의 회원 수는 약 100만 명, 25세대까지의 회원 수는 약 3200만 명이나 되어야 하므로 금세 구조가 무너지기 때문이다.

※1) $S = 1 + 2 + 2^2 + 2^3 \cdots\cdots + 2^{19}$　……①

로 하고 양변을 2배 하면

$2S = 2 + 2^2 + 2^3 + \cdots\cdots + 2^{20}$　……②

②－①은 $(2 - 1)S = 2^{20} - 1$

따라서 $S = \dfrac{2^{20} - 1}{2 - 1}$ 이다.

※2) 아래 지수 법칙을 이용해 계산

$a^m a^n = a^{m+n}$

$(a^m)^n = a^{mn}$

$(ab)^n = a^n b^n$

단, m, n은 정수

유효 숫자의 자릿수를 파악해 불필요한 계산을 줄이기

측정값 계산법

①덧셈·뺄셈: 자릿수 맞추기

②곱셈·나눗셈: 계산에 사용하는 측정값 중 가장 적은 유효 숫자를
계산 결과의 유효 숫자로 삼기

길이와 무게를 잴 때의 양은 수치와 단위로 표시된다. 가령 연필의 길이를 자로 잰다면 12.7cm인 것처럼 말이다.

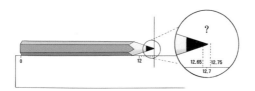

유효 숫자 세 자릿수 **12.7**

이때 단위는 cm(센티미터)이며 수치 12.7은 '1' 단위의 몇 배인지를 나타낸다. 이 12.7cm는 자로 측정해 얻은 값이므로 측정값이라 불린다.

여기서 하나 주의할 것이 있다. 그것은 '측정값은 어디까지나 측정값일 뿐 진짜 값이 아니라는 점'이다. 위의 그림에서 연필의 진짜 길이는 12.65cm에서 12.75cm 사이의 범위에 있다는 것을 알 수 있다. 즉 12cm까지는 정확하지만, 마지막 0.7cm 부분은 '약간의 오차를 포함'한다. 따라서 측정값에 대해 유효 숫자라는 말이 사용되는 것이다. 즉 유효 숫자란 그 측정

기로 측정할 수 있는 양의 유효한, 의미 있는 자릿수의 숫자라는 뜻이며 그 최소 자릿수에는 반올림 등으로 인한 오차가 포함된다.

앞선 예로 말하자면 측정값 12.7cm의 1, 2, 7을 유효 숫자라고 하며 그 자릿수는 3이다.

그리고 또 하나 주의해야 한다. 그것은 앞서 제시한 측정값 계산법에 따르는 것은 유효 자릿수가 다른 측정값끼리 계산할 때뿐이라는 것이다. 무의미한 계산을 막기 위해서다.

연습 1

다음 측정값의 유효 숫자는 몇 자리인가?

(1) 0.00532g

'0, 0, 0, 5, 3, 2'이므로 '유효 숫자는 여섯 자리다!'라고 생각할지도 모르겠지만 맨 처음 나오는 0.00의 0은 보통 '자릿수를 나타내는 0'이지 측정값이 아니다. 따라서 '0 이외의 수치'가 나오는 '5'부터 세면 '5, 3, 2'로 세 자리다. 5.32×10^{-3}이라고 쓰여 있어도 유효 숫자는 세 자리이다. 10^{-3}은 $\frac{1}{10^3}$과 같다.

답: 세 자리

(2) 2.997×10^5m/s

'2, 9, 9, 7'이므로 네 자리다.

답: 네 자리

(3) 1.02×10^4cal

'1, 0, 2'이므로 답은 세 자리다.

비슷한 문제로 가령 1.020×10^4이라고 쓰여 있으면 '1, 0, 2, 0'까지 유효하므로 유효 숫자는 네 자리다.

이는

$1.02 \times 10^4 = 10200 \cdots\cdots$①

$1.020 \times 10^4 = 10200 \cdots\cdots$②

와 같이 양쪽 모두 같아 보이지만 ①은 맨 처음 세 자리까지만 '확실'한 것에 비해 ②는 네 자리까지 '확실'하다는 차이가 있다.

답: 세 자리

(4) 3.25×10^{-8}cm

　10^{-8}은 $\frac{1}{10^8}$과 같다.

답: 세 자리

연습 2

유효 숫자를 고려해 다음을 계산하시오.

(1) 238.28g + 0.0236g + 1.5792g

　≒ 238.28 + 0.02 + 1.58

　= 239.88g

　덧셈, 뺄셈에서는 '자릿수 맞추기'를 유효 숫자보다 우선한다. 만약 유효 숫자만 생각해서 '다섯 자리, 세 자리, 다섯 자리'니까 '세 자리로 맞춰서 더하자!'고 하면 '238 + 0.0236 + 1.58'이 되어 엉터리 계산이 된다. 따라서 '자릿수를 맞추는 것'이 우선이다. 이 문제에서는 모든 수를 '소수점 아래 둘째 자리'까지만 계산한다. 소수점 아래 셋째 자리에서 반올림한다.

(2) 358.6g − 1.346g + 57g

　≒ 359 − 1 + 57 = 415g

　소수점 아래 첫 번째 자리를 반올림해서 모든 수를 정수로 만듦

(3) 62.3cm×13.62cm

　　= 848.526 따라서 849cm²

　유효 숫자의 자릿수가 세 자리와 네 자리이므로 답도 네 번째 자리의 5를 반올림해서 세 자리로 만든 849

(4) 85.2g ÷ 62.1cm³

　　≒ 1.37198 따라서 1.37g/cm³

　유효 숫자의 자릿수가 모두 세 자리이므로 답도 세 자리

제6장

순식간에 오류를 찾아내는 검산의 기술

속산은 간단한 방법을 사용하므로 계산 오류도 적다. 그래도 사람이 하는 일이다 보니 언제든 실수할 수 있다. 중요한 것은 '검산'인데 같은 방법으로 다시 계산하면 같은 실수를 반복하기 쉽다. 따라서 검산의 원칙으로 '빠르게 할 수 있으면서도 다른 방법'이 필요하다. 세상에는 재빨리 검산할 수 있는 사람도 있다. 회계 자료를 나눠주면 금세 오류를 발견하기도 한다. 그런 사람은 '검산의 핵심'을 잘 알고 있는 사람이다. 6장에서는 검산의 핵심을 소개하겠다.

검산은 다양한 방법으로 하기

포인트

검산은 다른 방법으로!

검산에는 아래와 같이 다양한 방법이 있다. 공통점은 원래 계산법과는 다른 방법이 바람직하다는 것이다.

① 역연산으로 접근하기

② 어림수로 접근하기

③ 나머지에 중점 두기

①의 방법은 가령 '뺄셈으로 나온 결과를 검산에서는 덧셈으로 해 본다. 나눗셈의 계산 결과를 검산에서는 곱셈으로 해 본다'처럼 역연산으로 검산하는 방법이다.

②는 자잘한 것을 신경 쓰지 않고 어림셈으로 대충 검산하는 방법이다. 자릿수가 하나 틀린 것 같은 큰 실수를 찾아낸다.

③의 방법은 두 수가 같은지를 일정한 수로 나눈 나머지로 판단한다. '일정한 수'로 9를 채택한 것이 구거법이라 불리는 유명한 검산 방법이다.

'일의 자리'만으로 순식간에 검산하기

예제

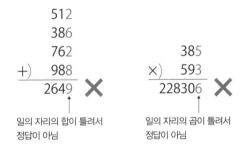

일의 자리의 합이 틀려서
정답이 아님

일의 자리의 곱이 틀려서
정답이 아님

계산이 맞았는지 틀렸는지 정확히 확인하는 것은 쉽지 않다. 그러나 '이 것은 명백한 오류'라는 지적만 해도 된다면 간단한 방법이 있다. 그것은 일 의 자리에 주목한 방법이다.

왜냐하면 덧셈과 곱셈에서 일의 자리는 다른 자리와는 달리 번거로운 받아올림을 신경 쓰지 않아도 되기 때문이다. 물론 일의 자리가 맞더라도 전 체 계산이 정확히 맞은 것은 아니다. 하지만 어느 정도 안심은 할 수 있다.

덧셈·곱셈의
빠른 검산은
일의 자리에 주목해 봐!

알맞은 수를 이용해 대충 검산하기

예제

$$
\begin{array}{r}
693 \\
221 \\
-615 \\
825 \\
+) \ -193 \\
\hline
931
\end{array}
\quad \xrightarrow{\text{어림셈}} \quad
\begin{array}{r}
700 \\
200 \\
-600 \\
800 \\
+) \ -200 \\
\hline
900
\end{array}
$$

　많은 수의 계산을 검산할 때는 각각의 수를 가장 가까운 알맞은 수로 치환해서 계산하면 빠르게 검산할 수 있다. 어떤 숫자에 가장 가까운 알맞은 수란 수를 수직선 위에 나타냈을 때 그 수와 최단 거리 위치에 있는 알맞은 수를 뜻한다.

(1) 693에 가장 가까운 알맞은 수는 700이다!

(2)-515에 가장 가까운 알맞은 수는 -500

(3) -292에 가장 가까운 알맞은 수는 -300

연습 2

(1)

	58		60
	61		60
	−51	어림셈	−50
	−99		−100
+)	37	+)	40
	6		10

어림셈의 10은 6에 가까우니까 맞네

(2)

	2987		3000
	6054		6000
	4129	어림셈	4000
	−7984		−8000
	−1799		−2000
	5299		5000
	4697		5000
+)	−1002	+)	−1000
	12381		12000

어림셈의 12000은 12381에 가까우니까 맞는 것 같아

구거법으로 검산하기

포인트

원래 수 A와 계산 후의 답 B를 9로 나눈 나머지를
각각 m, n이라고 하자.

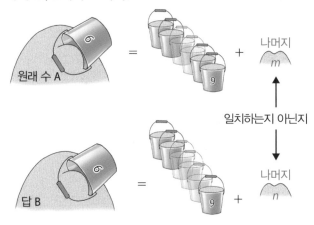

m=n일 때, 아마도 A=B

m≠n일 때, 반드시 A≠B

유명한 검산법으로 구거법이 있다. 물론 꼭 9로 나눠야 하는 것은 아니지
만, 9로 나누는 것에는 두 가지 이유가 있다.

우선 9로 나눌 때의 나머지는 9종류라서 2나 3으로 나눌 때보다 많으므
로 오류를 놓칠 가능성이 작다. 그리고 나머지가 같으면 원래의 숫자끼리도
같을 가능성이 크다는 것을 뜻한다.

또 다른 이유는 9로 나눈 나머지는 직접 나눗셈하지 않아도 다음의 정리로 쉽게 구할 수 있기 때문이다.

> **9로 나누기 정리**
>
> 정수 □○△······▽◎를 9로 나눈 나머지는 각 자릿수의 합, 즉 □+○+△+······+▽+◎를 9로 나눈 나머지와 같다.

예를 들어 '18472를 9로 나눈 나머지는 $1+8+4+7+2$를 9로 나눈 나머지와 같다'는 것이다.

또한 9로 나눈 나머지를 구할 때는 다음의 '9 제거법 정리'가 유용하다. 이것이 '구거법'이라는 이름의 유래다.

> **9 제거법 정리**
>
> □+○+△+······+▽+◎를 9로 나눈 나머지는 부분적으로 더해서 9가 되는 곳을 제거한 다음 구해도 된다. 또한 마음대로 몇 개를 조합해서 9보다 클 때는 그것을 9로 나눈 나머지로 치환해도 된다.

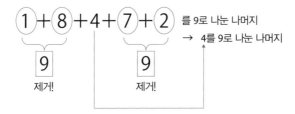

참고로 이 '9 제거법 정리'는 다른 임의의 양의 정수에서도 성립한다.

덧셈을 구거법으로 검산하기

포인트

원래 계산식 a+b와 계산 결과 c를 9로 나눈 나머지를 각각 m, n이라고 하자

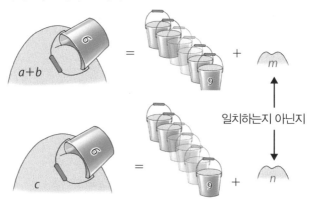

일치하는지 아닌지

m=n이라면 a+b=c(아마도 정답)
m≠n이라면 a+b≠c(반드시 오답!)

예를 들어 '3278 + 487 = 3765'가 정답인지를 구거법으로 검산해 보자.
먼저 식의 좌변인 3278 + 487을 9로 나눈 나머지를 구한다.

3278+487 ⟶ (i), (ii)에 따라 9로 나눈 나머지는 2+1=3

(ii)487, 즉 4+8+7을 9로 나눈 나머지는 1

(i)3278, 즉 3+2+7+8을 9로 나눈 나머지는 2

다음으로 식의 우변에 있는 답 3765를 9로 나눈 나머지를 구한다.

3765→3 + 7 + 6 + 5를 9로 나눈 나머지이므로 '3'

식의 좌변도 우변도 9로 나누면 나머지가 3으로 같다. 따라서 식의 덧셈 결과는 '아마도 정답'이라 할 수 있다. 단, 반드시 정답이라고 보장되는 것은 아니다.

a+b를 9로 나눈 나머지는
a를 9로 나눈 나머지와
b를 9로 나눈 나머지를
더해서 그 값을
9로 나눈 나머지와 같아

연습

다음 계산 결과를 검산하시오.

(1) 63977 + 632 = 64609 ······①
9로 나누기 정리에 따라 63977을 9로 나눈 나머지는 6 + 3 + 9 + 7 + 7이므로 5
632를 9로 나눈 나머지는 6 + 3 + 2이므로 2
따라서 63997 + 632를 9로 나눈 나머지는 5 + 2이므로 7
64609를 9로 나눈 나머지는 6 + 4 + 6 + 0 + 9=25이므로 7

양쪽 모두 나머지가 7로 같으므로 ①의 덧셈은 '아마도 정답'이라고 추측할
수 있다.

(2) 817 + 17 = 844 ······②

9로 나누기 정리에 따라

817을 9로 나눈 나머지는 8 + 1 + 7이므로 7

17을 9로 나눈 나머지는 1 + 7이므로 8

따라서 817 + 17을 9로 나눈 나머지는 7 + 8=15이므로 6

844를 9로 나눈 나머지는 8 + 4 + 4=16이므로 7

나머지가 다르므로 ②의 덧셈은 '반드시 오답!'이다.

(3) 4405 + 38216 = 42623 ······③

9 나누기 정리에 따라

4405를 나눈 나머지는 4 + 4 + 0 + 5=13이므로 4

38216을 9로 나눈 나머지는 3 + 8 + 2 + 1 + 6=20이므로 2

따라서 4405 + 38216을 9로 나눈 나머지는 4 + 2이므로 6

42623을 9로 나눈 나머지는 4 + 2 + 6 + 2 + 3=17이므로 8

나머지가 다른 ③의 덧셈은 '반드시 오답!'이다.

다시 한번 말해둔다. 구거법의 검산은 나머지가 같지 않을 때는 '반드시
오답!'이라 할 수 있지만 같을 때는 '아마도 정답'이라고는 할 수는 있어도
'반드시 정답!'이라고 보장할 수는 없다는 것을 잊어서는 안 된다.

뺄셈을 구거법으로 검산하기

포인트

원래 계산식 a−b, 계산 결과 c를 9로 나눈 나머지를
각각 m, n이라고 하자

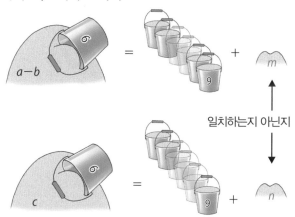

일치하는지 아닌지

m=n일 때, a−b=c(아마도 정답)

m≠n일 때, a−b≠c(반드시 오답!)

가령 '3278−487=2791'은 정답인가를 구거법으로 검산해 보자.

먼저 식의 좌변인 3278−487을 9로 나눈 나머지를 구한다.

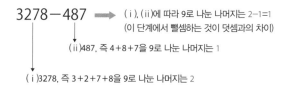

$3278-487$ ➡ (ⅰ), (ⅱ)에 따라 9로 나눈 나머지는 2−1=1
(이 단계에서 빼셈하는 것이 덧셈과의 차이)

(ⅱ)487, 즉 4+8+7을 9로 나눈 나머지는 1

(ⅰ)3278, 즉 3+2+7+8을 9로 나눈 나머지는 2

다음으로 식의 우변인 2791을 9로 나눈 나머지를 구한다.

2791→2 + 7 + 9 + 1를 9로 나눈 나머지이므로 '1'

식이 좌변도 우변도 9로 나누면 나머지가 1로 같다.
따라서 식의 뺄셈 결과는 '아마도 정답'이라 할 수 있다.

a−b를 9로 나눈 나머지는,
a를 9로 나눈 나머지에서
b를 9로 나눈 나머지를
빼면 돼! 단, 빼면
음수가 되는 경우(예: −5),
그 음수에 9를 더한 값(=4)을
나머지라고 생각하면 된대!

예제

아래의 ①과 ②를 검산하시오.
① 73977 − 1632 = 72345
9 나누기 정리에 따라,

73977을 9로 나눈 나머지는 7 + 3 + 9 + 7 + 7이므로 6
1632를 9로 나눈 나머지는 1 + 6 + 3 + 2이므로 3
따라서 73977 −1632를 9로 나눈 나머지는 6−3이므로 3이 된다.
(이 단계에서 뺄셈하는 것이 덧셈과의 차이)
72345를 9로 나눈 나머지는 7 + 2 + 3 + 4 + 5이므로 3
둘 다 나머지가 3으로 같으므로 ①의 뺄셈은 아마도 정답.

② 917650 - 237412 = 676380

917650을 9로 나눈 나머지는 9 + 1 + 7 + 6 + 5 + 0이므로 1

237412를 9로 나눈 나머지는 2 + 3 + 7 + 4 + 1 + 2이므로 1

따라서 917650-237412를 9로 나눈 나머지는 1-1이므로 0

(이 단계에서 뺄셈하는 것이 덧셈과의 차이점)

676380을 9로 나눈 나머지는 6 + 7 + 6 + 3 + 8 + 0이므로 3

나머지가 다르므로 ②의 뺄셈은 반드시 오답!

연습

다음 계산을 구거법으로 검산하시오.

(1) 7006981 - 212998 = 6793883

(2) 4545379 - 90235 = 4455124

(3) 2099831 - 350076 = 1749755

  답은 (1) 반드시 오답, (2) 반드시 오답, (3) 아마도 정답

곱셈을 구거법으로 검산하기

포인트

원래의 계산식 a×b, 계산 결과 c를 9로 나눈 나머지를
각각 m, n이라고 하자

$$m=n일 때, a×b=c(아마도 정답)$$
$$m≠n일 때, a×b≠c(반드시 오답!)$$

가령 4277 ×381 = 1629537을 구거법으로 검산해 보자.
먼저 식의 좌변을 9로 나눈 나머지를 구한다.

$$4277 \times 381$$ ➡ (i), (ii)에 따라 9로 나눈 나머지는 2×3=6

(ii)381, 즉 3+8+1을 9로 나눈 나머지는 3

(i)4277, 즉 4+2+7+7을 9로 나눈 나머지는 2

다음으로 식의 우변 1629537을 9로 나눈 나머지를 구한다.

1629537 → 1 + 6 + 2 + 9 + 5 + 3 + 7을 9로 나눈 나머지이므로 '6'

식의 좌변도 우변도 9로 나누면 나머지가 6으로 같다.
따라서 원래 곱셈의 결과는 '아마도 정답'일 것이다.

a×b를 9로 나눈 나머지를 구하려면,
a를 9로 나눈 나머지와 b를 9로 나눈 나머지를
곱한 값을 구하면 되는구나

하지만 그게 9 이상이 되어 버렸다면
그 숫자를 9로 나눈 나머지를
답으로 생각하면 돼

연습

다음 계산을 검산하시오.

(1) 734×532 = 390488
9 나누기 정리에 따라,
734를 9로 나눈 나머지는 7 + 3 + 4이므로 5
532를 9로 나눈 나머지는 5 + 3 + 2이므로 1
따라서 734×532를 9로 나눈 나머지는 5×1=5이므로 5
390488을 9로 나눈 나머지는 3 + 9 + 0 + 4 + 8 + 8이므로 5
양쪽 모두 나머지가 5로 같으므로 '아마도 정답'이라 할 수 있다.

(2) 6357×23657 = 150388549
9 나누기 정리에 따라,
6357을 9로 나눈 나머지는 6+3+5+7이므로 3
23657을 9로 나눈 나머지는 2+3+6+5+7이므로 5
따라서 6357×23657을 9로 나눈 나머지는 3×5=15이므로 6
  150388549를 9로 나눈 나머지는
  1+5+0+3+8+8+5+4+9이므로 7
  좌변과 우변이 9로 나눈 나머지가 다르므로 원래의 곱셈은 '반드시 오답'
이라 할 수 있다.

나눗셈을 구거법으로 검산하기

포인트

나뉘는 수 a, 나누는 수 b×몫 c+나머지 r을 각각 9로 나눈 나머지를 m, n이라고 하자

m=n일 때, a÷b≒c 나머지r(아마도 정답)

m≠n일 때, a÷b≠c 나머지r(반드시 오답!)

나눗셈의 구거법은 지금까지의 덧셈, 뺄셈, 곱셈과는 조금 다르다. 일단 곱셈으로 고쳐서 검산해야 한다.

예를 들어, '5278÷27은 몫이 195이고 나머지는 13'이 맞는지를 구거법으로 검산해 보자. 이 계산이 맞는지는

$$5278 = 27 \times 195 + 13 \cdots\cdots ①$$

이 맞는지에 따라 결정된다. 따라서 ①의 좌변과 우변을 9로 나눈 나머지가 같은지 아닌지로 원래의 나눗셈이 올바른지를 판단하면 된다.

먼저 ①의 좌변 5278을 9로 나눈 나머지를 구한다.

$$5278 \rightarrow 5 + 2 + 7 + 8 = 22를 9로 나눈 나머지는 4$$

다음으로 ①의 우변 27×195+13을 9로 나눈 나머지를 구한다.

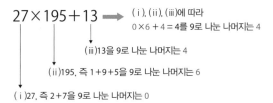

$27 \times 195 + 13 \longrightarrow$ (i), (ii), (iii)에 따라
$0 \times 6 + 4 = 4$를 9로 나눈 나머지는 4

(iii)13을 9로 나눈 나머지는 4

(ii)195, 즉 $1 + 9 + 5$을 9로 나눈 나머지는 6

(i)27, 즉 $2 + 7$을 9로 나눈 나머지는 0

①의 좌변, 우변 모두 9로 나누면 나머지는 4로 같다. 즉, ①의 계산은 '아마도 정답'으로 보인다.

연습

'9831÷87은 몫이 112고 나머지는 7이다'를 구거법으로 검산하시오.

'9831÷87은 몫이 112고 나머지는 7'을 검산할 때는 다음 ②가 맞는지로 판단할 수 있다.

$$9831 = 87 \times 112 + 7 \quad \cdots\cdots ②$$

9 나누기 정리에 따라,

좌변 $9 + 8 + 3 + 1 = 21$을 9로 나눈 나머지는 3

우변 $8 + 7 = 15$를 9로 나눈 나머지는 6

우변 $1 + 1 + 2 = 4$를 9로 나눈 나머지는 4

7을 9로 나눈 나머지는 7

따라서, $6 \times 4 + 7 = 31$을 9로 나눈 나머지는 4

②의 좌변과 우변은 9로 나눈 나머지가 다르므로 원래 계산은 '반드시 오답'이라는 사실을 알 수 있다.

알아두면 좋은 수의 접두어

현대에는 엄청나게 큰 숫자나 한없이 0에 가까운 작은 숫자가 자주 사용된다. 아래와 같은 수의 접두어는 현대인의 교양이 되었다.

호칭	수	기호	접두사	한자어 표기
요타	10^{24}	Y	yotta-	일 자
제타	10^{21}	Z	zetta-	십 해
엑사	10^{18}	E	exa-	백 경
페타	10^{15}	P	peta-	천 조
테라	10^{12}	T	tera-	일 조
기가	10^{9}	G	giga-	십 억
메가	10^{6}	M	mega-	백 만
킬로	10^{3}	k	kilo-	천
헥토	10^{2}	h	hecto-	백
데카	10^{1}	da	deca-	십
모노(유니)	10^{0}		mono-	일
데시	10^{-1}	d	deci-	일 분
센티	10^{-2}	c	centi-	일 리
밀리	10^{-3}	m	milli-	일 호
마이크로	10^{-6}	μ	micro-	일 미
나노	10^{-9}	n	nano-	일 진
피코	10^{-12}	p	pico-	일 막
펨토	10^{-15}	f	femto-	일 수유
아토	10^{-18}	a	atto-	일 찰나
젭토	10^{-21}	z	zepto-	일 청정
욕토	10^{-24}	y	yocto-	일 열반적정

※열반적정은 10^{-26}이라는 설도 있다.

제7장

동서고금을 막론하고
사용된 속산의 기술

이 장에서는 동서고금의 유명한 계산법을 소개하고자 한다. 이러한 계산의 지혜를 접함으로써 계산의 깊이와 정수를 느낄 수 있다. 물론 생활이나 업무에서 자연스럽게 쓸 수 있다면 더할 나위 없다. 여기에서는 계산법을 익히기보다는 인류의 지혜를 즐기도록 하자.

'19×19'까지의 인도식 암산법 익히기

예제

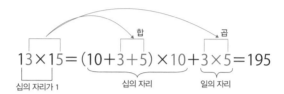

$$13 \times 15 = (10+3+5) \times 10 + 3 \times 5 = 195$$

학교에서 배우는 구구단이라고 하면 '9×9'까지 한 자릿수끼리의 곱셈이지만 인도에서는 '19×19'의 두 자릿수 곱셈까지 외운다고 한다. 하지만 이것이 그렇게 놀라운 일은 아니다. 우리가 아는 구구단에 더해 이곳에서 소개하는 두 자릿수 '19×19'까지의 곱셈을 익히고 나면 인도인과 마찬가지로 19단까지 암산할 수 있게 된다.

두 자릿수 '19×19'까지의 곱셈의 답은 다음과 같은 방법으로 구한다.

십의 자리는 10+양쪽 일의 자리 숫자의 합……①
일의 자리는 양쪽 일의 자리 숫자의 곱……②

다만 ②가 두 자릿수라면 받아올림 한다. 두 자릿수인 두 개의 수를 1a, 1b라고 하면 1a×1b의 답은

이다.

$(1)\,12 \times 16 = (10 + 2 + 6) \times 10 + 2 \times 6 = 180 + 12 = 192$

$(2)\,11 \times 15 = (10 + 1 + 5) \times 10 + 1 \times 5 = 160 + 5 = 165$

$(3)\,17 \times 11 = (10 + 7 + 1) \times 10 + 7 \times 1 = 180 + 7 = 187$

$(4)\,17 \times 14 = (10 + 7 + 4) \times 10 + 7 \times 4 = 210 + 28 = 238$

$(5)\,18 \times 12 = (10 + 8 + 2) \times 10 + 8 \times 2 = 200 + 16 = 216$

$(6)\,18 \times 15 = (10 + 8 + 5) \times 10 + 8 \times 5 = 230 + 40 = 270$

$(7)\,16 \times 15 = (10 + 6 + 5) \times 10 + 6 \times 5 = 210 + 30 = 240$

$(8)\,17 \times 13 = (10 + 7 + 3) \times 10 + 7 \times 3 = 200 + 21 = 221$

$(9)\,19 \times 11 = (10 + 9 + 1) \times 10 + 9 \times 1 = 200 + 9 = 209$

$(10)\,12 \times 13 = (10 + 2 + 3) \times 10 + 2 \times 3 = 150 + 6 = 156$

$(11)\,15 \times 15 = (10 + 5 + 5) \times 10 + 5 \times 5 = 200 + 25 = 225$

$(12)\,14 \times 19 = (10 + 4 + 9) \times 10 + 4 \times 9 = 230 + 36 = 266$

$(13)\,13 \times 12 = (10 + 3 + 2) \times 10 + 3 \times 2 = 150 + 6 = 156$

러시아 농부들의 곱셈 비법 배우기

포인트

곱셈은 한쪽을 두 배하고, 다른 쪽을 2로 나눠도 된다.
즉 a×b =(2a)×(b÷2)

러시아 농부들의 곱셈으로 잘 알려진 계산 방법이다. 알아두면 든든하다.
곱셈 a×b에서는 곱해지는 수 a를 두 배 한 수에 곱하는 수 b를 2로 나눈 수
로 곱해도 값은 변하지 않는다.

$$a \times b = (2a) \times \left(\frac{b}{2} \right)$$

이것을 반복해서 곱하는 수가 1이 되면 그때 곱해지는 수가 원래 곱셈의
답이 된다.

(예) $24 \times 16 = 48 \times 8 = 96 \times 4 = 192 \times 2 = \underline{384} \times 1$

이것이 24×16의 답

러시아 농부들의 곱셈 기본 원리다. 즉 큰 수끼리의 곱셈을 '2를 곱하는
계산과 2로 나누는 계산'으로 간단히 바꾼 것이다. 물론 2로 나눌 때 나눠떨
어지지 않을 때도 있다. 그때는 곱하는 수를 2로 나눈 몫만을 가져와서 나
머지 부분은 무시한 채로 계산하고, 무시한 부분은 나중에 더하면 된다.

(예1) 곱하는 수를 2로 계속 나눠도 나머지가 없을 때
　32×64를 예시로 삼아 러시아 농부들의 곱셈을 직접 해 보자.

	32	64	← 시작
1회째	64	32	
2회째	128	16	
3회째	256	8	
4회째	512	4	
5회째	1024	2	
6회째	2048 ○	1	← 곱하는 수가 1이 되었으므로 짝인 2048에 ○를 치면 계산 끝

위의 표를 통해 32×64의 답은 ○가 쳐진 2048임을 알 수 있다.

(예2) 곱하는 수를 2로 나누다가 도중에 나머지가 생길 때

32×46을 예로 들어서 러시아 농부들의 곱셈을 해 보자.

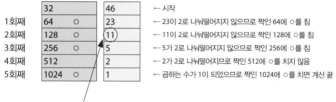

위의 표를 통해 32×46의 답은 ○가 쳐진 부분을 전부 더한 것임을 알 수 있다. 즉

$$1024 + 256 + 128 + 64 = 1472 \cdots\cdots ①$$

여기에서 가령 ①에서 64를 더한 이유를 찾아보자. 중간의 계산식을 살펴보면

$$64 \times 23 = 64 \times (2 \times 11 + 1) = 128 \times 11 + 64$$

이다. 이 오른쪽의 64를 맨 마지막에 더한 것이다.

양손 손가락으로 곱셈하기

여기에서 소개할 곱셈은 6×6에서 10×10 사이의 곱셈을 1×1부터 5×5 까지의 곱셈으로 귀결시키는 방법이다. 8×7이라는 구체적인 예로 이 방법 을 살펴보자. 이것을 알아두면 다른 때에도 쓸 수 있다.

포인트

① 우선 왼손과 오른손 양쪽 손가락에 아래 그림처럼 6부터 10까지의 수를 새끼손가락부터 시작해서 엄지까지 하나씩 쓴다.

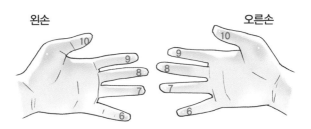

왼손　　　　　　　　　　　오른손

② 곱하고 싶은 두 숫자의 왼손가락과 오른손가락을 맞붙인다. 여기에서는 8×7이므로 왼손 중지와 오른손 약지를 붙이는 식이다(다음 페이지 그 림 참조).

③ 맞붙인 손가락을 포함해 그 아래에 있는 왼손과 오른손 손가락 개수의 합을 구하고 거기에 10을 곱한다. 여기서는 왼손의 손가락이 3개, 오른 손 손가락이 2개로 총 5개이므로 5×10=50이다.

④ 맞붙인 손가락을 포함하지 않고 그것보다 위에 있는 왼손과 오른손 손 가락 개수를 곱한다. 여기에서는 왼손가락이 2개, 오른손가락이 3개이므

로 2×3=6이다.

⑤ ③의 50과 ④의 6을 더한 값 56이 첫 번째 곱셈의 답이다.

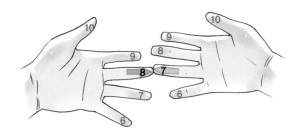

연습

7×9를 양손 손가락으로 계산해 보자.

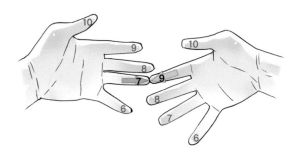

왼쪽 페이지의 ③에 따라 (2+4)×10=6×10=60

마찬가지로 ④에 따라 3×1=3

⑤에 따라 60 + 3 = 63

'산가지'를 이용한 옛날식 계산법 알아보기

포인트

'산가지'는 빨강과 검정 두 종류의 막대. 가로나 세로로 놓고 계산하기 위한 도구

옛날에는 '산가지'라 불리는 빨강(양수)과 검정(음수)의 나무를 가로, 세로로 늘어놓고 수를 표현하고 그것을 이용해 덧셈, 뺄셈, 곱셈, 나눗셈하거나 방정식을 풀기도 했다.

〈표〉양수(빨간 산가지를 이용)

	0	1	2	3	4	5	6	7	8	9
세로식		│	║	┃	┃┃	┃┃┃	┬	┯	┯┯	┯┯┯
가로식		─	═	≡	≣	≣≣	⊥	⊥	⊥	⊥

음수(검은 산가지를 이용)

	0	−1	−2	−3	−4	−5	−6	−7	−8	−9
세로식		│	║	┃	┃┃	┃┃┃	┬	┯	┯┯	┯┯┯
가로식		─	═	≡	≣	≣≣	⊥	⊥	⊥	⊥

산가지를 종이에 쓸 때는 양수는 검은색으로 쓰고 음수도 검은색으로 쓰지만, 마지막 자릿수에 사선을 그어서 음수임을 표시했다. 참고로 0은 처음에는 아무것도 쓰지 않았으나 점차 0임을 명시하기 위해 ○를 쓰게 되었다

고 한다.

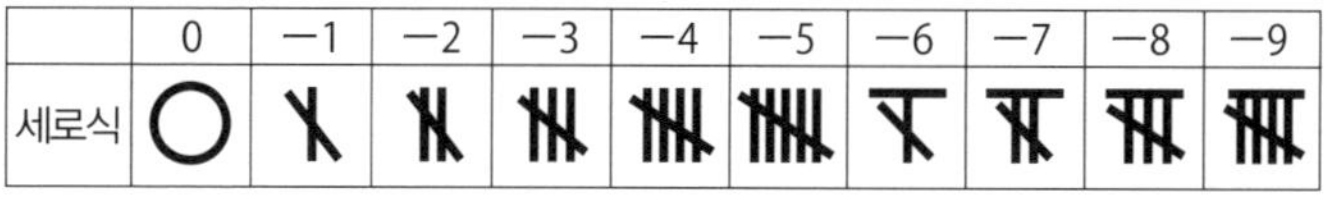

	0	−1	−2	−3	−4	−5	−6	−7	−8	−9
세로식	○	Ⅰ	Ⅱ	Ⅲ	Ⅲ	Ⅲ	�┬	Ⅱ	Ⅲ	Ⅲ

(예1) 14 + 7을 산가지로 계산해 보자.

① 더해지는 수 14와 더하는 수 7을 산판에 산가지로 나타낸다(그림 1).

② 더하는 수의 가장 윗자리부터, 여기서는 한 자릿수이므로 일의 자리부터 계산한다(그림 2).

③ 일의 자리는 4와 7로 11이 되므로 받아올림이 발생한다. 10개를 묶어서 십의 자리가 1개가 되어 더해진다. 따라서 답은 21이다(그림 3).

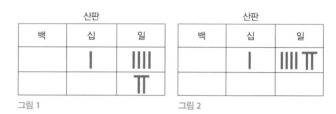

그림 1

그림 2

그림 3

(예2) 34×62를 산가지로 계산해 보자.

① 곱해지는 수 34와 곱하는 수 62를 산판에 산가지로 나타낸다.

산판

천	백	십	일	
		⫼	⫼⫼	34(곱해지는 수)
		T	‖	62(곱하는 수)

② 곱해지는 수의 가장 위의 자리에 곱하는 수의 가장 아래 자리를 합친다.

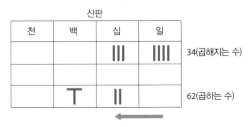

산판

천	백	십	일	
		⫼	⫼⫼	34(곱해지는 수)
	T	‖		62(곱하는 수)

③ 곱하는 수 62의 가장 위의 자리 숫자인 6과 곱해지는 수 34의 가장 위의 자리 숫자 3을 곱한다.

산판

천	백	십	일	
		⫼	⫼⫼	③4
I	⫼			(6×3=)18
	T	‖		⑥2

④ 곱하는 수 62의 가장 위의 자리 다음 자릿수인 2와 곱해지는 수 34의 가장 위의 자리 숫자 3을 곱한다.

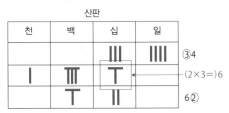

산판

천	백	십	일	
		⫼	⫼⫼	③4
I	⫼	T		(2×3=)6
	T	‖		6②

⑤ 곱해지는 수 34의 위에서 두 번째 자리에 곱하는 수 62의 가장 아래 자리를 합친다.

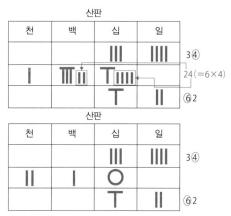

⑥ 곱하는 수 62의 가장 위의 자리 숫자 6과 곱해지는 수 34의 위에서 두 번째 자리 숫자 4를 곱한다. 계산 결과인 24를 아래와 같이 배치한다.

⑦ 마지막으로 곱하는 수 62의 2와 곱해지는 수 34의 4를 곱해서 가운데 단의 일의 자리에 넣는다. 가운데 단의 수 2108이 구하는 답이다.

'나눗셈 구구단' 알아보기

포인트

주판으로 나눗셈할 때
나눗셈 구구단을 이용

10÷2=5……2 1은 천작 5

나눗셈할 때는 계산 뒤편에서 구구단(곱셈 구구단)을 이용하고 있다. 즉
나눗셈이라고 하지만 실제로는 다음과 같은 곱셈을 이용하는 것이다.

56÷8=7(8×7=56을 이용)

그런데 예전에는 '나눗셈 구구단'을 이용해 나눗셈했다. 그러므로 12÷2
를 나눗셈 구구단으로 계산해 보자.

① 우선 주판에 12를 둔다.

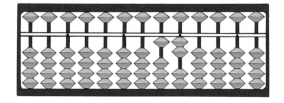

② 나뉘는 수 12의 십의 자리가 10이고 나누는 수가 2이므로 '2 1은 천작 5'
　라고 말한 후 1을 5로 해서 원래 1을 턴다. '나눗셈 구구단'(다음 페이지
　참조)의 2단을 보자. '2 1은 천작 5'는 '1(=10)을 2로 나누면 5가 된다'는

뜻이다.

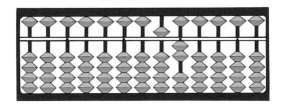

③ 나뉘는 수 12의 나머지를 보고 '2 진 10'이라고 말한 후 2를 털고 10을 올린다. 그러면 답이 6이 된다.

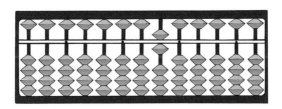

참조

'나눗셈 구구단'의 일부

2단	10÷2=5	2 1은 천작 5
	20÷2=10	2 진 10
3단	10÷3=3…1	3 1 31
	20÷3=6…2	3 2 62

9단	20÷9=2…2	9 2 하가 2
	30÷9=3…3	9 3 하가 3
	40÷9=4…4	9 4 하가 4
	50÷9=5…5	9 5 하가 5
	60÷9=6…6	9 6 하가 6
	70÷9=7…7	9 7 하가 7
	80÷9=8…8	9 8 하가 8
	90÷9=10	9 진 10

가우스의 천재적인 계산법 익히기

포인트

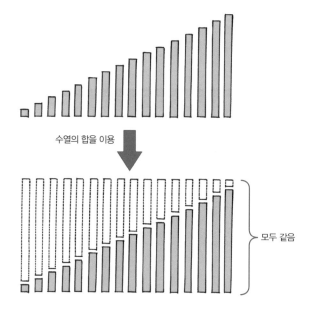

수열의 합을 이용

모두 같음

이 방법은 일정하게 증가하거나 감소하는 수열의 합을 구할 때 자주 사용되는 계산법이다. 18세기 독일의 천재적인 수학자이자 물리학자 가우스는 초등학생 시절에 '1+2+3+······+99+100을 계산하라'는 과제를 받고 역순으로 다시 쓴 100+99+98+······+3+2+1을 한 줄 추가해 답을 냈다고 한다. 즉 위아래를 더하면 모두 '101'이 되고 그것이 100개이기 때문에 101 × 100 = 10100이 된다. 다만 우리가 원하는 것은 이것의 절반이므로 2로 나뉘 '5050'으로 계산한 것이다. 이 원리는 1부터 100까지의 합에만 쓸 수 있는 것이 아니다. 일정하게 증가하는 수의 합을 순식간에 구할 수 있다.

$$
\begin{array}{r}
1 \ + \ 2 \ + \ 3 \ \cdots\cdots \ 98 \ + \ 99 \ + \ 100 \\
+) \ 100 \ + \ 99 \ + \ 98 \ \cdots\cdots \ 3 \ + \ 2 \ + \ 1 \\
\hline
101 \ + \ 101 \ + \ 101 \ \cdots\cdots \ 101 \ + \ 101 \ + \ 101
\end{array}
$$

연습

(1) 2+4+6+8+10+12+14+16+18+20

$$
\begin{array}{r}
2 \ + \ 4 \ + \ 6 \ + \ 8 \ + \ 10 \ + \ 12 \ + \ 14 \ + \ 16 \ + \ 18 \ + \ 20 \\
+) \ 20 \ + \ 18 \ + \ 16 \ + \ 14 \ + \ 12 \ + \ 10 \ + \ 8 \ + \ 6 \ + \ 4 \ + \ 2 \\
\hline
22 \ + \ 22 \ + \ 22 \ + \ 22 \ + \ 22 \ + \ 22 \ + \ 22 \ + \ 22 \ + \ 22 \ + \ 22
\end{array}
$$

따라서 답은 $22 \times 10 \div 2 = 110$

(2) −9−6−3+3+6+9+12+15+18+21

$$
\begin{array}{r}
-9 \ - \ 6 \ - \ 3 \ + \ 0 \ + \ 3 \ + \ 6 \ + \ 9 \ + \ 12 \ + \ 15 \ + \ 18 \ + \ 21 \\
+) \ 21 \ + \ 18 \ + \ 15 \ + \ 12 \ + \ 9 \ + \ 6 \ + \ 3 \ + \ 0 \ - \ 3 \ - \ 6 \ - \ 9 \\
\hline
12 \ + \ 12 \ + \ 12 \ + \ 12 \ + \ 12 \ + \ 12 \ + \ 12 \ + \ 12 \ + \ 12 \ + \ 12 \ + \ 12
\end{array}
$$

따라서 답은 $12 \times 11 \div 2 = 66$

참고로 위의 계산에서 문제에 쓰여 있지 않은 '0'을 넣지 않고 계산하면 잘 안되므로 주의하자.

엇갈리게 빼서 차를 구하기

포인트

일정한 수를 곱해서 얻어지는 수열의 총합은
엇갈리게 빼서 차를 구함

$$S = \textcircled{a} + ar + ar^2 + ar^3 + \cdots\cdots + ar^{n-1}$$
$$-)\quad rS = ar + ar^2 + ar^3 + ar^4 + \cdots\cdots + \textcircled{ar^n}$$
$$\overline{(1-r)S = a(1-r^n)}$$

어떤 숫자에 일정한 숫자를 계속 곱한 것을 차례로 더하는 계산이 필요
할 때가 있다. 예를 들어 은행에 돈을 예치하거나 대출할 때의 복리 계산이
그렇다.

이런 계산은 '엇갈리게 빼서 차액을 구하는' 기법을 사용하면 간단하다.
1부터 시작해서 차례로 2를 곱해 얻어지는 수열의 합계를 예로 들어보자.

$$S = 1 + 2 + 2^2 + \cdots\cdots + 2^{99} + 2^{100} \cdots\cdots ①$$

이 ①의 양변에 2를 곱하면 의 항이 위아래로 어긋난 위치로 나타난다.

$$S = 1 + 2 + 2^2 + \cdots\cdots + 2^{99} + 2^{100} \cdots\cdots ①$$
$$2S = 2 + 2^2 + 2^3 + \cdots\cdots + 2^{100} + 2^{101} \cdots\cdots ②$$

②에서 ①을 각각 빼면 다음과 같은 식을 얻을 수 있다.

$S = 2^{101} - 1$ ...... ③

연습

(1) $1+3+9+27+81+243$

$$
\begin{array}{r}
S = 1 + \ \ 3 \ \ + \ 9 \ + \ 27 + \ 81 \ + \ 243 \\
-) \ \ 3S = 3 + \ \ 9 \ \ + 27 + 81 + 243 + 729 \\
\hline
-2S = 1 - 729
\end{array}
$$

따라서 $2S = 728$에서 구할 수 있는 답은 364

(2) $3+1+\dfrac{1}{3}+\dfrac{1}{9}+\dfrac{1}{27}+\dfrac{1}{81}+\dfrac{1}{243}$

$$
\begin{array}{r}
S = 3 + 1 + \dfrac{1}{3}+\dfrac{1}{9}+\dfrac{1}{27}+\dfrac{1}{81}+\dfrac{1}{243} \\
-) \ \ \dfrac{1}{3}S = 1 + \dfrac{1}{3}+\dfrac{1}{9}+\dfrac{1}{27}+\dfrac{1}{81}+\dfrac{1}{243}+\dfrac{1}{729} \\
\hline
\dfrac{2}{3}S = 3 - \dfrac{1}{729} \left(= \dfrac{729 \times 3 - 1}{729} = \dfrac{2186}{729} \right)
\end{array}
$$

따라서 $\dfrac{2}{3}S = \dfrac{2186}{729}$이므로 구할 수 있는 답은 $S = \dfrac{1093}{243}$

7-6의 계산은 '등차수열의 합'이라고 불리며 이번 계산은 '등비수열의 합'이라고 불린다.

제8장

일상생활에서 쓸 수 있는 변환의 기술

'결혼기념일은 무슨 요일이었을까?'는 계산으로 구할 수 있다. '거래처 A사는 메이지 5년에 창업했다. 서기로는 몇 년인가?'는 메이지를 서력으로 바꾸는 변환 공식을 알면 금방 알 수 있다. 그 밖에도 '회전 초밥집에서 기다리고 있는데 앞으로 몇 분 정도 더 기다려야 할까?' 등 이런저런 계산을 금방 할 수 있는 속산 지식을 모아봤다.

8-1

일본의 연호를 서력으로 빠르게 변환하기

포인트

메이지(明治) p년+1867
다이쇼(大正) p년+1911
쇼와(昭和) p년+1925
헤이세이(平成) p년+1988

⟶ 서력

일본에서는 평소 서력을 사용하는 사람도 관공서 등에서는 쇼와(昭和)나 헤이세이(平成) 등의 연호를 사용하기에 '변환'해야 할 일이 있다. 하지만 이 변환은 위의 규칙을 기억해 두면 순식간에 할 수 있다. 특히 현재 살고 있는 많은 사람이 쇼와, 헤이세이 출생이기 때문에 '쇼와로 go[4]', '헤이세이의 어머니[5]' 같은 말장난으로 기억하면 좋다. 참고로 메이지만 '1867'로 위 두 자리가 18이라는 점에 주의하자.

연습 다음 연호를 서력으로 변환하시오.

(1) 메이지 32년은?   32 + 1867 = 1899

(2) 다이쇼 7년은?   7 + 1911 = 1918

(3) 쇼와 48년은?   48 + 1925 = 1973

(4) 헤이세이 7년은?   7 + 1988 = 1995

(5) 메이지 43년은?   43 + 1867 = 1910

(6) 헤이세이 21년은?   21 + 1988 = 2009

---

4 원문은 昭和にgo. '쇼와니고'로 읽어 뒷부분이 일본어의 2(니), 5(고)와 음이 같다.
5 원문은 平成の母(ハハ). '헤이세이노하하'로 읽어 뒷부분이 일본어의 8(하치), 8(하치)과 첫 음이 같다.

서력을 일본의 연호로 빠르게 변환하기

포인트

메이지 1867, 다이쇼 1911, 쇼와 1925, 헤이세이 1988

(1988+1) 이상이면 1988을 빼기	→	헤이세이
(1925+1) 이상이면 1925를 빼기	→	쇼와
(1911+1) 이상이면 1911을 빼기	→	다이쇼
(1911+1) 미만이면 1867을 빼기	→	메이지

'서력을 연호로 바꾸기'는 **8-1**의 '연호 → 서력' 계산과 반대로 하면 된다. **8-1**에서는 메이지, 다이쇼, 쇼와, 헤이세이에 따라 1867, 1911, 1925, 1988로 바꿨기 때문에 여기서는 반대 방향으로 빼면 된다. 단, 1을 더했다는 점에 주의하자.

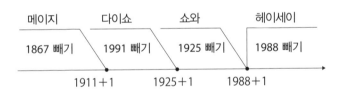

메이지	다이쇼	쇼와	헤이세이
1867 빼기	1991 빼기	1925 빼기	1988 빼기

1911+1　　1925+1　　1988+1

연습 다음 서력을 연호로 변환하시오.

(1) 2003년 → 2003-1988 = 15이므로 헤이세이 15년

(2) 1995년 → 1995-1988 = 7이므로 헤이세이 7년

(3) 1970년 → 1970-1925 = 45이므로 쇼와 45년

(4) 1925년 → 1925-1911=14이므로 다이쇼 14년

(5) 1875년 → 1875-1867 = 8이므로 메이지 8년

기념일 요일 구하기

포인트

서기 x년 m월 n일의 요일을 구하는 방법

① 서기 x년의 위 두 자리 숫자를 a, 아래 두 자리 숫자를 b로 한다.

단, 1월, 2월은 전년도 13월, 14월로 대체한다.

② $S = b + [b/4] + [a/4] - 2a + [13(m+1)/5] + n$

을 구한다. 단, [ ]는 이 중 정수 부분을 나타낸다.

③ S를 7로 나눈 나머지를 R로 한다.

④ 다음 표에서 요일을 구한다.

R	0	1	2	3	4	5	6
요일	토	일	월	화	수	목	금

결혼기념일, 아이의 생일, 아폴로가 달에 도착한 날 등 특정한 날의 요일을 바로 맞힐 수 있다면 편할 것이다. 그래서 필요한 것이 위에 소개한 첼러의 합동식이다. 예를 들어 '1962년 5월 14일'은 무슨 요일인지를 이 공식으로 구해보자.

① $a = 19$, $b = 62$, $m = 5$, $n = 14$이다.

② S를 구한다.

$$S = 62 + \left[\frac{62}{4}\right] + \left[\frac{19}{4}\right] - 2 \times 19 + \left[\frac{13 \times (5+1)}{5}\right] + 14$$

$$= 62 + [15.5] + [4.75] - 38 + [15.6] + 14$$

$$= 62 + 15 + 4 - 38 + 15 + 14 = 72$$

③ S=72를 7로 나누면 나머지 R은 2
④ R=2에 해당하는 요일은 월요일

그래서 1962년 5월 14일은 월요일이다.

  이 공식은 서기 1년 1월 1일부터 구하려는 날까지 며칠이 있는지를 계산한 페어필드의 공식을 바탕으로 이를 7로 나눠서 구한 것이다. 단, 현재 전 세계에서 사용하는 그레고리력은 1582년 10월 15일을 금요일로 정하고 시작했기에 그 이전의 서력에 대해서는 첼러의 합동식이 소용이 없다.

연습   다음 서력 날짜의 요일을 구하시오.

(1) 2011년 12월 24일

$$S = 11 + \left[\frac{11}{4}\right] + \left[\frac{20}{4}\right] - 2 \times 20 + \left[\frac{13 \times (12 + 1)}{5}\right] + 24$$

$$= 11 + [2.75] + [5] - 40 + [33.8] + 24$$

$$= 11 + 2 + 5 - 40 + 33 + 24 = 35$$

S=35를 7로 나눈 나머지 R은 0

따라서 토요일

(2) 1945년 1월 17일

$$S = 44 + \left[\frac{44}{4}\right] + \left[\frac{19}{4}\right] - 2 \times 19 + \left[\frac{13 \times (13 + 1)}{5}\right] + 17$$

$$= 44 + [11] + [4.75] - 38 + [36.4] + 17$$

$$= 44 + 11 + 4 - 38 + 36 + 17 = 74$$

※1월이므로 전년인 1944년의 13월로 대체함

S = 74를 7로 나눈 나머지 R은 4

따라서 수요일

십이간지가 같은지 속산하기

서력으로 볼 때 나이 차이가 12로 나눠떨어지면
두 사람의 십이간지는 같다

연하장 시즌이 되면 어김없이 '내년에는 무슨 해일까?' 하고 십이지를 생
각한다. 그런데 예를 들어 '1987년생의 띠'가 뭔지 궁금할 때는 어떻게 하
면 좋을까?

우리나라에서는 조선 세종 때 서기 1444년을 '갑자'년으로 삼으면서 연
호를 십이간지로 세는 것이 시작되었다. 따라서 서기 m년에 태어난 사람의
십이지 m과 1444의 차이를 12로 나눈 후 나머지 R에 해당하는 띠를 십이
간지표에서 구할 수 있다.

R = (m-1444) ÷ 12의 나머지

R	0	1	2	3	4	5	6	7	8	9	10	11
십이지	자	축	인	묘	진	사	오	미	신	유	술	해
띠	쥐	소	호랑이	토끼	용	뱀	말	양	원숭이	닭	개	돼지

가령 1950년생은 1950-1444 = 506을 12로 나눈 후 나머지가 2이므로
위 표에서 '인(寅)'년, 1987년생이라면 1987-1444 = 543을 12로 나눈 후
나머지가 3이므로 '묘(卯)'년'이 된다.

또한 A씨(서기 m년)와 B씨(서기 n년)가 같은 십이간지 인지는 (m-n)이
12로 나눠떨어지는지로 알 수 있다. 예를 들어 1915년과 2011년생은 2011-
1915 = 96으로 12로 나눠떨어지기 때문에 같은 십이간지(띠)이다.

8-5

'소비세 미포함 가격' 속산하기

포인트

소비세 미포함 가격 → (소비세 포함 가격) ÷ (1+소비세)

일본에서 소비세는 1989년 4월부터 3%로 도입되었고 1997년 4월부터 5%로 인상되었다. 그것이 2014년 4월부터 8%가 되었고 향후 10%로 인상될 예정이다.

가게 주인이 가격을 정할 때 세금을 제외한 가격을 먼저 정하고 나서 소비세 포함 가격(8%라면 1.08배)을 계산하면 '1003엔이구나, 900엔[6]대를 만들고 싶었는데. 다시 계산해야 하나' 하고 생각하게 된다. 그래서 '소비세 포함 가격을 정한 후 소비세 미포함 가격을 계산하고 싶다'는 요구가 생기게 된다. 이럴 때 바로 계산하는 방법을 모르는 사람도 많다.

결론부터 말하자면 '소비세 미포함 가격' 계산은 다음과 같다.

(소비세 미포함 가격) = (소비세 포함 가격) ÷ (1 + 0.08)

예를 들어 소비세 포함 가격을 998엔으로 하고 싶다면 998 ÷ 1.08 ≒ 924엔으로 하면 된다. 이렇게 소비세 포함 가격을 정하고 나면 간단하게 '소비세 미포함 가격'을 정할 수 있다. 또한 개인에게 지급할 때 원천징수가 10%이고 '실수령액'을 32,700엔으로 하고 싶을 때 표면상으로는 얼마를 지급하면 좋을지는 (실수령액) = (지급액)×(1-0.1)로 다음과 같이 계산할 수 있다.

(지급액) = (실수령액) ÷ (1-0.1)

실수령액이 32,700엔이라면 0.9로 나눈 36,333엔을 지급액으로 신고하고 원천징수 하면 된다. 30,000엔이 지급액이라면 '0.9를 곱해서 27,000엔이 실수령액이 된다'는 사실은 곱셈이므로 누구나 알 수 있지만, 실수령액에서 지급액을 생각하는 것은 어렵게 느껴지기 마련이다.

---

6 약 9,000원

원금이 2배, 3배, 4배가 되는 기간 속산하기

포인트

72, 114, 144의 법칙

72 ÷ 연이율(%) ≒ 원금의 2배가 되는 기간
114 ÷ 연이율(%) ≒ 원금의 3배가 되는 기간
144 ÷ 연이율(%) ≒ 원금의 4배가 되는 기간

가지고 있는 100만 원을 1%의 이자율로 예치하면 몇 년 만에 2배가 될까? 이런 계산을 나눗셈으로 하는 것이 이 방법이다. 연이율 r(복리)로 원금 A원을 예치했을 때 '72÷연이율(%)'이 원금이 2배가 될 때까지의 기간이다. 마찬가지로 원금이 3배가 되는 기간을 어림셈하려면 '114÷연이율(%)'을, 원금이 4배가 되는 기간은 '144÷연이율(%)'을 계산하면 된다.

(예) 연이율이 5%일 때, 원금이 2배, 3배, 4배가 되는 기간을 위의 공식을 이용해 계산하면 다음과 같다. ( )안에 표시된 정확한 값과 비교해도 큰 차이가 없다.

2배가 되는 기간은 72÷5=14.4년 (정확히는 14.21년)
3배가 되는 기간은 114÷5=22.8년 (정확히는 22.5년)
4배가 되는 기간은 144÷5=28.8년 (정확히는 28.4년)

연습 1 연 이자율이 8%일 때 원금이 2배, 3배, 4배로 늘어나는 대략적인 기간을 72, 114, 144의 법칙을 이용해 구하시오.

2배가 되는 기간은 72÷8=9년 (정확히는 9.01년)

3배가 되는 기간은 114÷8=14.25년 (정확히는 14.275년)

4배가 되는 기간은 144÷8=18년 (정확히는 18.01년)

연습 2 연이율 1%일 때 원금이 2배, 3배, 4배가 되는 대략적인 기간을 72, 114, 144의 법칙을 이용해 구하시오.

2배가 되는 기간은 72÷1=72년 (정확히는 69.66년)

3배가 되는 기간은 114÷1=114년 (정확히는 110.41년)

4배가 되는 기간은 144÷1=144년 (정확히는 139.32년)

※연습 1, 2의 답을 보면 72, 114, 144의 법칙은 저금리일 때 오차가 크다는 것을 알 수 있다.

원금이 n배가 되는 정확한 기간

원금이 n배가 되는 정확한 기간을 구하는 공식을 소개하겠다. 연 이자율 r의 복리 계산으로 원금 A원을 N년간 은행에 예치했을 때 원금과 이자의 합은 $A(1 + r)^N$이다. 이것이 원금 A의 n배가 되므로 다음 식이 성립한다.

$$nA = A(1 + r)^N$$

이 식에서 A를 소거하면 다음 n과 N 과 r의 관계식을 구할 수 있다.

$$n = (1 + r)^N \cdots\cdots ①$$

①의 양변에 로그를 취해 N에 대해 풀면,

$$N = \frac{\log n}{\log(1 + r)} \cdots\cdots ②$$

원금이 2배, 3배, 4배로 늘어나는 정확한 기간은 로그(log)를 사용한 어려운 계산이 된대. 하지만 이 법칙을 사용하면 간단하네!

가령 앞 페이지 (예)의 정확한 연수 14.21년은 ②의 n에 2, r에 0.05를 대 입해 구한 것이다.

인간 목숨의 가치 계산하기

포인트

사망 시 손실 이익의 대략적인 금액은
연 소득×(1−생활비 공제율)× $\dfrac{n}{1+0.05 \times n}$
단, n은 67−(사망 시 나이)

교통사고로 사망했을 때 지급되는 대략적인 금액을 추정해 보기로 하자. 교통사고로 가해자에게 청구할 수 있는 금액은 다음과 같은 공식으로 계산된다.

청구액 = (적극적 손해 + 소극적 손해 + 위자료) × 상대방의 과실 비율

여기서 사망했을 때의 손해인 소극적 손해에 대해 알아보자. 이는 교통사고가 없었다면 장래 얻었을 이익을 가리킨다.

※적극적 손해란 치료비, 입원비, 장례비 등을 말한다. 위자료란 통원 또는 입원했을 때(장해위자료)나 후유증이 남았을 때(후유증 위자료) 및 사망했을 때(사망 위자료)의 금액이다.

사망 시 손실 이익은 다음 식으로 계산된다.

연 소득×(1−생활비 공제율)×라이프니츠 계수……①

①의 연 소득은 사망 시점의 연 소득이다. 생활비 공제율은 사망하면 생활비가 들지 않게 되므로 이를 공제하는 것으로, 다음과 같이 정해져 있다.

가장: 0.3~0.4

여성(주부, 독신, 유아 포함): 0.3~0.4

남성(독신, 유아 포함): 0.5

또한 라이프니츠 계수는 다음 공식으로 계산할 수 있다.

$$\frac{1}{1+r} + \frac{1}{(1+r)^2} + \cdots + \frac{1}{(1+r)^n} = \frac{(1+r)^n - 1}{r(1+r)^n} \cdots \cdots ②$$

여기서 r은 법정 이자율로 0.05, n은 67에서 사망 당시 나이를 뺀 값이다. 이 라이프니츠 계수 ②는 피해자가 살아있다고 가정하고 미래에 얼마의 소득이 있는지 추정하고, 그 총액에서 이자분(법정 이자율 0.05로 한 복리)을 빼고 현재 금액으로 환산하기 위한 값이다.

※법정 이자율은 저금리 시대에 맞지 않으므로 0.02~0.03으로 낮춰야 한다는 의견도 있다. 또한 복리 계산인 라이프니츠 계수와 달리 단리 계산의 개념으로 도출된 것이 호프만 계수이다. 일반적으로 라이프니츠 계수가 호프만 계수보다 작다.

그렇다면 55세의 사람(연 소득 600만 엔)이 교통사고로 사망했을 때 손실 이익을 어림잡아 계산해 보자. ②는 지수를 이용한 어려운 계산이므로 ②의 근사식 ③을 이용한다.

$$\frac{(1+r)^n - 1}{r(1+r)^n} \fallingdotseq \frac{(1+rn) - 1}{r(1+rn)} = \frac{n}{1+rn} \cdots \cdots ③$$

r=0.05, n=67-55=12, 생활비 공제율을 0.3으로 계산하면

손실 이익 $= 600 \times (1-0.3) \times \dfrac{12}{1+0.05 \times 12}$

$\qquad\qquad = 600 \times 0.7 \times 7.5 = 3150$만 엔

※②에 따른 정확한 라이프니츠 계수의 값은 8.8633이다.

사망 위자료의 기준은 2000~3000만 엔이므로 사람의 목숨값은 높게 잡아도 6000만 엔 정도이다. 사람의 목숨은 지구보다 무거울 텐데⋯⋯.

리그전 경기 수 속산하기

포인트

$$\text{시합 수} = \frac{n(n-1)}{2} \ (\text{n은 팀 수})$$

팀 수가 n일 때 리그의 경기 수는 $\frac{n(n-1)}{2}$이다. 이는 가령 n=5인 경우를 살펴보면 알 수 있다. 팀 이름을 A, B, C, D, E로 해서 총 맞대결의 표를 작성하면 다음과 같다. 총 5^2번의 시합이 있지만 자기 팀과 싸우지는 않으므로 5를 뺀다. 또한 (A, B)와 (B, A)는 같은 경기이므로 2로 나눈다. $\frac{25-5}{2}$. 이를 일반화하면 $\frac{n^2-n}{2} = \frac{n(n-1)}{2}$이다. 이 식을 바탕으로 팀 수가 변했을 때의 경기 수를 그래프로 나타내면 아래와 같다.

	A	B	C	D	E
A	(A, A)	(A, B)	(A, C)	(A, D)	(A, E)
B	(B, A)	(B, B)	(B, C)	(B, D)	(B, E)
C	(C, A)	(C, B)	(C, C)	(C, D)	(C, E)
D	(D, A)	(D, B)	(D, C)	(D, D)	(D, E)
E	(E, A)	(E, B)	(E, C)	(E, D)	(E, E)

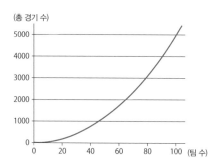

토너먼트전 경기 수 속산하기

포인트

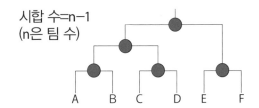

시합 수=n-1
(n은 팀 수)

가령 위 그림과 같이 팀이 여섯 팀일 때를 생각해보자. 토너먼트 경기에서는 한 경기마다 한 팀이 사라진다. 따라서 팀 수가 6인 경우 1개 적은 5경기를 진행하면 5팀이 사라지고 남은 1팀이 우승하게 된다.

팀 수가 n일 때도 비슷하다. (n-1) 경기를 치르면 (n-1) 팀이 사라지고 우승하는 한 팀이 결정된다.

이 방식은 어떤 토너먼트전이라도 당연히 성립한다. 오른쪽 그림은 16개 팀의 토너먼트전인데 시합 수(빨간 동그라미 개수)는 15개다. 물론 시드가 있어도 '팀 수-1'이다.

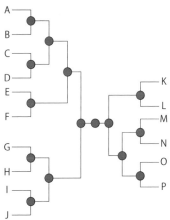

긴 줄의 대기 시간 속산하기

대기 시간은 앞과 뒤의 사람 수로 알 수 있다

음식점이나 행사장에서 기다리는 것은 흔한 일이다. '앞으로 얼마나 더 기다려야 하지?' 이걸 안다면 참을 수도 있고, 포기도 할 수 있다. 이럴 때 대기 시간 W를 쉽게 산출하는 것이 다음의 '리틀 공식'이다.

$$W = \frac{L}{\lambda} \cdots 리틀\ 공식$$

단, L은 자기 앞에 줄 서 있는 사람의 수

λ(람다)는 1분 동안 자기 뒤에 줄 선 사람의 수

예를 들어 내 앞에 약 300명이 줄을 서 있었다고 가정해 보자. 내가 줄을 서고 1분 후, 뒤에 6명이 새로 줄을 섰다. 이때 리틀 공식에 따르면 약 50분 정도 기다려야 한다.

$$W = \frac{L}{\lambda} = \frac{300(명)}{6(명/분)} = 50분$$

※λ는 1분 동안 자기 뒤에 줄을 선 사람의 수이므로 단위는 사람/분이다. 따라서 W의 단위는 분이다. 만약 λ가 1시간에 줄을 선 인원수라면 W의 단위는 시간이 된다. 참고로 리틀은 사람의 이름이다.

'도쿄 돔⁷⁾ 하나 분' 속산하기

포인트

도쿄 돔

↳ 건축면적은 약 216m×216m

↳ 건축용적은 약 108m×108m×108m

신문이나 TV에서 '도쿄 돔 세 개 분량의 토사가 무너져 내렸다', '도쿄돔의 2배에 달하는 연못에서 송어를 양식하고 있다'처럼 흔히 표현하는데 알 것 같다가도 아리송한 숫자다. 이럴 때는 아래 그림을 떠올리면 좋을 것이다.

참고로 고시엔 야구장⁸⁾은 39600m²이고 축구장 크기는 7140m²(2160평), 테니스 코트(경식) 크기(흰색 선 안)는 260m²(약 80평)이다.

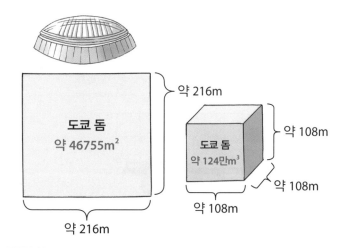

7 일본 도쿄에 있는 돔 형태 야구 경기장
8 일본 효고현 니시노미야시에 있는 야구장. 전국 고교 야구대회 개최장소로 유명하다.

'덤프 트럭 한 대 분' 속산하기

포인트

대형: 최대 적재량 10톤 정도
중형: 최대 적재량 5~8톤 정도
소형: 최대 적재량 2~4톤 정도

일본에서 일반 덤프트럭의 최대 적재량은 11톤까지로 정해져 있다. 일반 도로에서는 다양한 종류의 덤프트럭을 만날 수 있다. 하지만 흔히 볼 수 있는 대형 덤프트럭은 10톤 정도이다. 따라서 물의 무게로 환산하면 $1m^3$의 용기 (가로, 세로, 높이 1m)에 담긴 물 10개 분량이라는 뜻이다. 예를 들어 '덤프트럭 5개 분량의 토사'라고 하면 물의 무게로부터 어림잡아 짐작할 수 있다.

참고로 토사와 물은 비중이 다르므로 주의해야 한다. 물이 1이라면 흙모래의 비중은 1.2~2.0 정도다.

대형 덤프트럭일 때
$1m^3$의 물
10개 분량

'역까지는 도보 ~분' 거리 속산하기

포인트

80m/분으로 계산

부동산 광고를 보면 가장 가까운 역에서 매물까지의 거리가 '~역에서 도보 20분'이라고 적혀 있다. '20분'이라고 해도 남녀노소에 따라 걸어서 20분 동안 갈 수 있는 거리는 천차만별이다. 그래서 부동산 업계에서는 '사람은 1분이면 80m를 걸을 수 있다'는 표시 규약을 마련했다. 따라서 역까지 걸어서 20분이라는 것은 그 부동산이 역에서 약 80×20=1600m 떨어져 있다는 것을 의미한다.

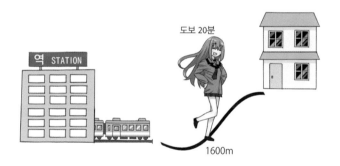

도보 20분

역 STATION

1600m

또한 부동산 표시 광고 공정 경쟁 규약 시행규칙의 '각종 시설까지의 거리 또는 소요 시간'에는 '도보에 의한 소요 시간은 도로 거리 80미터당 1분이 소요되는 것으로 계산한 수치를 표시할 것. 이때 1분 미만의 편차가 생겼을 때는 1분으로 산출할 것'(제5장 제1절(10))이라고 쓰여 있다.

8-14

'각 신체의 길이' 속산하기

포인트

1인치≒2.5cm ······ 성인 남성의 엄지손가락 너비
1피트≒30cm ······ 성인 남성의 발 길이
1야드≒90cm ······ 성인 남성의 코끝에서 뻗은 손 엄지손가락까지의 거리

　인치, 피트, 야드는 원래 인간의 신체를 척도로 삼은 것이므로 대략적 수치를 몸과 연결해서 외워 두면 편하다.

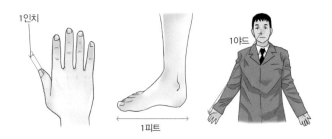

　더욱 정확한 값은 1인치 = 2.54cm, 1피트 = 30.48cm, 1야드 = 3피트 = 91.44cm이다.

'한 길'의 길이 속산하기

한 길 ≒ 신장

한 길은 양손을 활짝 벌렸을 때의 길이를 의미한다. 현재는 잘 쓰이지 않지만 한 길이 키와 거의 같다는 것을 알고 있으면 일상생활에서 물건을 측정할 때 편리하다. 왜냐하면 자신의 키는 대부분 알고 있기 때문이다.

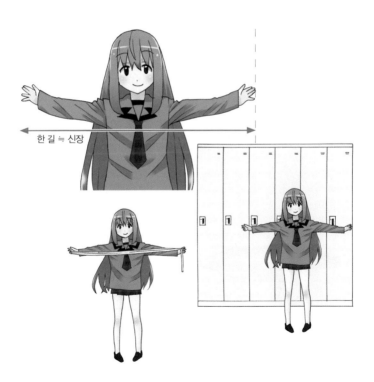

한 길 ≒ 신장

'한 뼘' 속산하기

포인트

한 뼘

쇼핑하다 보면 가끔 물건의 크기를 알고 싶을 때가 있다. 하지만 반드시 치수가 표시되어 있지는 않다. 그럴 때 자기 엄지손가락에서 새끼손가락까지(보통 엄지에서 검지까지 사용하는 사람은 그것도 괜찮다)의 폭을 알고 있으면 편리하다. 이를 바탕으로 치수의 대략적인 수치를 쉽게 알 수 있다.

내 손가락의 최대 너비는 15cm니까,
이 물고기는 대략······
어~음······

빌딩의 높이 속산하기

포인트

14~15층짜리 아파트의 높이는 3~3.2m × 층수
초고층 아파트 높이는 3.5m×층수

지상에서 100m의 거리를 눈으로 측정하는 것은 쉽지 않다. 높이를 실감
하는 것은 그보다 더 어렵다.

높이를 표현할 때 자주 쓰이는 것이 바로 우리 주변에서 흔히 볼 수 있는
아파트다. '저 언덕의 높이는 15층짜리 아파트와 맞먹는다'는 식이다. 하지
만 실제로 알아보면 아파트의 높이가 제각각이라 하나의 수치로 표현하기
어렵다.

이때는 14~15층짜리 아파트에 주목해보자. 이런 아파트는 45m 이내라
는 높이 제한에 따라 만들어진 것들이 많아서 1층당 높이가 3~3.2m 정도
이다. 또한 초고층 아파트는 층당 높이가 이보다 더 높아지는 경향이 있다.
그렇다면 초고층 아파트의 경우 층당 높이를 3.5m 내외로 잡는다면 그 높
이의 대략적인 숫자를 구할 수 있다.

209.4m(일본에서 가장 높은 아파트)
※2015년 3월 기준.
54층
키타하마 타워
2009년 3월 준공
(오사카시)

3.5×54=189m구나……

지구의 크기로 커다란 양 속산하기

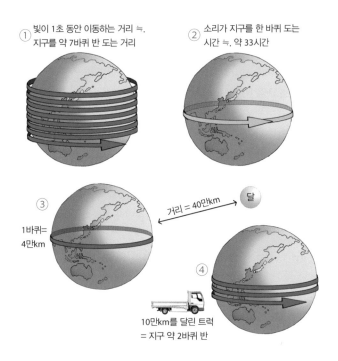

① 빛이 1초 동안 이동하는 거리 ≒. 지구를 약 7바퀴 반 도는 거리

② 소리가 지구를 한 바퀴 도는 시간 ≒. 약 33시간

③ 1바퀴= 4만km

거리 = 40만km

달

④ 10만km를 달린 트럭 = 지구 약 2바퀴 반

빛이나 전파의 속도는 약 초속 30만km인데 이 수치로 빛의 속도를 실감할 수 있는 사람은 많지 않을 것이다. 이때 '빛은 1초에 지구를 약 7.5바퀴 돌 수 있다'고 하면 어느 정도 감이 잡힐 테다 ①.

음속은 약 초속 340m다. 340m와 1초 모두 실감할 수 있으므로 소리의 속도는 쉽게 알 수 있다. 그에 비해 빛은 소리의 속도의 약 100만 배에 달한다. 빛은 비교할 수 없을 정도로 소리에 비해 빠르다. 이 차이는 번개와 천둥소리의 도달 시간의 차이로 나타나는데 이 둘의 차이점은 바로 이해하기 힘들 수도 있다.

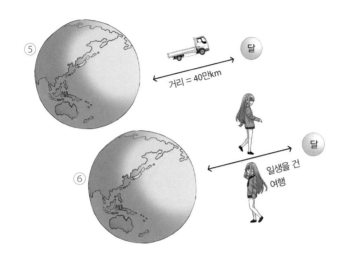

　그래서 소리가 지구를 한 바퀴 도는 시간을 재어봤다. 약 33시간이다 ②. 무려 하루하고도 반이나 걸리는 것이다. 빛은 약 $\frac{1}{7}$초에 지구를 한 바퀴 도는 셈이니 그 속도의 차이를 실감할 수 있다.

　다음으로 자동차의 주행거리에 대해 알아보자. 승용차를 타다 보면 주행거리가 10만km가 되는 것은 아주 당연한 일이다. 오래 타다 보면 20만km를 넘기는 일도 드물지 않다. 때로는 30만km를 넘어 40만km 가까이 달린 차도 있다고 한다. 하지만 이 수치만 보면 얼마나 달렸는지 실감이 나지 않는다. 그래서 지구의 크기와 달과의 거리를 비유로 생각해보자. 지구를 1바퀴 돌면 약 4만km이므로 ③, 10만km를 달리는 것은 지구를 2바퀴 반 도는 것이다 ④. 또한 40만km를 달린다는 것은 지구에서 달까지 가는 것이다 ⑤. 정말 대단하다.

　더 놀라운 사실이 있다. 매일 40km를 걷는 여행자는 50년간 73만km를 걷게 된다. 거의 달까지 갔다가 돌아오는 것에 가까운 거리다 ⑥. 이처럼 큰 거리는 지구나 달과 비교하면 실감이 난다. 다른 것들도 시도해 보면 좋다.

8-19

높은 곳의 기온 속산하기

포인트

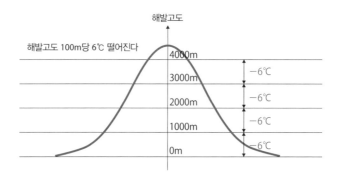

해발고도 100m당 6℃ 떨어진다

해발고도

4000m
3000m −6℃
2000m −6℃
1000m −6℃
0m −6℃

해발고도가 높아지면 기온이 낮아진다. 그 비율은 공기의 습도에 따라 달라지지만 대략 1000m당 6℃ 정도 내려간다고 한다. 따라서 100m당 0.6℃가 된다. 이를 이용하면 xm의 고도에서 기온의 하강 폭 y℃는 다음 비례식으로 구할 수 있다. ※ 건조한 공기라면 100m에서 거의 1℃ 정도 내려간다.

$$1000 : 6 = x : y$$

비례식에서는 내항의 곱과 외항의 곱은 같으므로,

$$1000y = 6x \quad \text{따라서} \quad y = \frac{6}{1000} x$$

이에 따라 x를 알면 y를 구할 수 있다는 사실을 알 수 있다.

야외에서 기온은 고도뿐만 아니라 바람의 영향도 받는다. 더울 때 바람을 맞으면 시원하게 느껴지고 추울 때는 더 춥게 느껴진다. 이처럼 신체가

느끼는 온도, 즉 체감온도는 바람에 의해 실제 기온보다 낮게 느껴진다. 이는 바람에 닿음으로써 체온으로 데워진 공기층이 바람에 의해 날아가 체온을 잃기 때문이다.

실제로 풍속이 1m/s 증가하면 체감온도는 1℃ 낮아진다고 한다. 20m/s의 바람 아래에서 체감온도는 기온보다 20℃나 낮아진다. 일반적으로는 다음과 같다.

'풍속이 vm/s 증가하면 체감온도는 v℃ 낮아진다'

※풍속과 체감온도 저하가 위와 같이 항상 비례관계에 있는 것은 아니다. 엄밀히 말하면 '풍속 0〜15m/s 범위에서는 평균적으로 풍속이 1m/s 증가할 때마다 체감온도는 거의 1℃씩 낮아진다'고 봐야 한다.
참고로 체감온도를 계산하는 유명한 공식으로 습도(%)에 초점을 맞춘 미센나르드 공식, 풍속에 초점을 맞춘 링케의 공식이 있다.

내 차의 CO_2 배출량 속산하기

포인트

휘발유 차량 2.3kg/L
경유 차량 2.6kg/L

CO_2 배출

휘발유 차량의 경우 휘발유 1L당 CO_2 배출량이 약 2.3kg, 디젤 차량의 경우 약 2.6kg이다. 이를 통해 자가용으로 출퇴근할 때의 이산화탄소 배출량을 알 수 있다. 예를 들어 왕복 100km의 거리를 1L 당 10km 주행하는 휘발유 차량으로 출퇴근하면 10L를 사용하므로 CO_2 배출량은 2.3kg × 10 = 23kg이 된다. 1년 동안 출퇴근에 사용한다면 250일 동안 출퇴근한다고 가정했을 때 23kg × 250 = 5750kg이나 된다. 즉 약 6톤이다. 정말 대단한 양이다. 놀랍지 않은가?

연비 10km/L

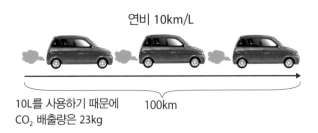

10L를 사용하기 때문에   100km
CO_2 배출량은 23kg

참고로 인간은 1인당 하루에 1kg의 이산화탄소를 배출한다.

손가락으로 이진수를 십진수로 빠르게 변환하기

포인트

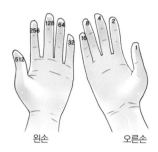

왼손　　　오른손

이진수 표시가 십진수로는 어떤 숫자를 나타내는지는 손의 손가락을 사용하면 금방 알 수 있다. 이진수 1011(2)을 이용해 설명해보자.

참고로 1011(2)의 (2)는 2진수를, 11(10)의 (10)은 십진수를 나타내는 표시다. 그 외에도 n진수로 표현된 수를 a(n)로 표기하기로 한다.

① 위 그림과 같이 오른손 엄지에서 왼손 엄지까지 $1(=2^0)$, $2(=2^1)$, $4(=2^2)$, …… $512(=2^9)$의 숫자를 적어둔다.

② 1011(2)은 01011(2)과 같으므로 이 숫자와 손가락을 다음 페이지의 왼쪽 그림처럼 대응시킨다.

③ 0에 해당하는 손가락을 다음 페이지의 오른쪽 그림과 같이 안쪽으로 접는다.

④ 접지 않은 손가락에 적힌 숫자, 즉 8, 2, 1을 더한다.

$$8+2+1=11(10)$$

이 11이 1011(2)의 십진수 표시다.

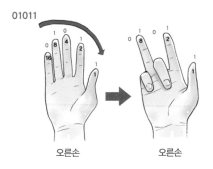

01011

오른손   오른손

연습 다음 각 수를 십진수로 표시하시오.

(1) 1011(2)

11101

오른손

그림에 따라 16 + 8 + 4 + 1 = 29(10)가 된다.

(2) 101101(2)

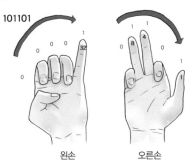

101101

왼손   오른손

그림에 따라 32 + 8 + 4 + 1 = 45(10)가 된다.

(3) 1100101101(2)

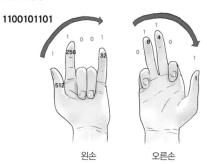

왼손   오른손

그림에 따라 512 + 256 + 32 + 8 + 4 + 1 = 813(10)이 된다.

이진수란?

가령 이진수 표시에서 1101의 의미는 다음과 같다.

$$1101(2) = 1 \times 2^3 + 1 \times 2^2 + 0 \times 2^1 + 1 \times 2^0 \cdots\cdots ①$$

이것은 2^3(=8)이 1개, 2^2(=4)가 1개, 2^1(=2)이 0, 2^0(=1)이 1의 양을 나타낸다. 따라서 십진수에서는

$$8 + 4 + 0 + 1 = 13(10) \cdots\cdots ②$$

을 나타내게 된다. 다른 것도 마찬가지다.

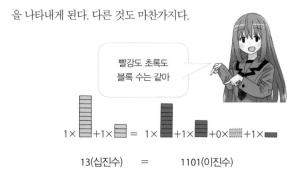

빨강도 초록도 블록 수는 같아

$1 \times$ ▦ $+1 \times$ ▪ = $1 \times$ ▮ $+1 \times$ ▪ $+0 \times$ ▥ $+1 \times$ ▬

13(십진수)   =   1101(이진수)

십진수를 n진수로 빠르게 변환하기

n으로 계속 나눠서 나머지를 구함

8-21에서는 이진수를 십진수로 변환했다. 여기서는 십진수를 이진수 등으로 변환해 보자. 예를 들어 '십진수 14→이진수'로 고쳐보자. 다른 경우도 마찬가지로 고칠 수 있다.

먼저 14를 2로 나눈 몫 7과 나머지 0을 다음과 같이 쓴다.

$$
\begin{array}{r}
2\,)\ 14 \\
\hline
7 \quad \cdots\cdots 0
\end{array}
$$

그리고 구한 몫 7을 2로 나눈 몫 3과 나머지 1을 다음과 같이 쓴다.

$$
\begin{array}{r}
2\,)\ 14 \\
\hline
2\,)\ \ 7 \quad \cdots\cdots 0 \\
\hline
3 \quad \cdots\cdots 1
\end{array}
$$

이 나눗셈을 상수가 1(이진수로 바꾸면 2-1=1의 1. n진수로 바꾸면 (n-1)) 이하가 될 때까지 반복한다.

$$
\begin{array}{r}
2\,)\ 14 \\
\hline
2\,)\ \ 7 \quad \cdots\cdots 0 \\
\hline
2\,)\ \ 3 \quad \cdots\cdots 1 \\
\hline
1 \quad \cdots\cdots 1
\end{array}
$$

마지막으로 다음 페이지의 그림에서 화살표 순서대로 숫자를 적어놓은 1110이 14를 이진수로 표시한 것이다.

$$
\begin{array}{r|l}
2 & 14 \\
\hline
2 & 7 \quad \cdots\cdots 0 \\
\hline
2 & 3 \quad \cdots\cdots 1 \\
\hline
& 1 \quad \cdots\cdots 1 \\
\end{array}
$$

연습 다음 십진수를 ( )의 n진수로 변환하시오.

(1) 43 → (2)

$\cdots\cdots 43(10) = 101011(2)$

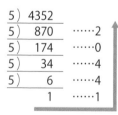

이진수이므로 0, 1,
두 개의 숫자만
쓸 수 있다

(2) 4352 → (5)

$\cdots\cdots 4352(10) = 114402(5)$

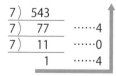

오진수이므로
0, 1, 2, 3, 4 다섯 개의
숫자를 쓸 수 있다

(3) 543 → (7)

$\cdots\cdots 543(10) = 1404(7)$

$$
\begin{array}{r|l}
7 & 543 \\
\hline
7 & 77 \quad \cdots\cdots 4 \\
\hline
7 & 11 \quad \cdots\cdots 0 \\
\hline
& 1 \quad \cdots\cdots 4 \\
\end{array}
$$

칠진수이므로 0, 1,
2, 3, 4, 5, 6 일곱 개의
숫자를 쓸 수 있다

(4) $769852(10) \rightarrow (16)$

```
16 )  769852
16 )   48115  ……12
16 )    3007  …… 3
16 )     187  ……15
          11  ……11
```

십육진수에서 12, 15, 11
이라니? 어떻게 써야 하지?

답은 (11)(11)(15)3(12)로 하고
싶지만 한 자릿수를 두 자리 이상
의 수로 표현하면 헷갈린다. 그래서
십육진법은 0~9의 숫자와 알파벳
(A~F)을 사용해 표현한다.

0	1	2	3	4	5	6	7	8	9	10	11	12	13	14	15
↓	↓	↓	↓	↓	↓	↓	↓	↓	↓	↓	↓	↓	↓	↓	↓
0	1	2	3	4	5	6	7	8	9	A	B	C	D	E	F

따라서 답은 다음과 같이 된다.

$769852(10) = BBF3C(16)$

로그로 큰 수의 어림수 속산하기

$$\log\text{를 쓰면 } 3^{100} \fallingdotseq 5.13 \times 10^{47}$$

실생활과 동떨어진 엄청나게 큰 숫자나 금액을 천문학적 수라고 한다. 실제로 천문학자들은 천문학적 계산에 종사하며 엄청나게 큰 숫자를 다루는 데 많은 시간을 소비했다. 그런데 이를 크게 절약해 준 것이 로그다. 로그는 천문학자들의 이 수고를 크게 줄여줬다고 한다.

천문학자는 큰 숫자를 다루니까
계산하기 힘들겠어~

여기서는 3100을 예로 들어 그 장점을 체험해 보자. 이 3100은 3을 100번 곱한 것이다. 5-6에서 210≒1000으로 어림셈 계산에 도움이 되었지만 3100에서 그런 편리한 어림수는 존재하지 않는다. 하지만 로그(log)를 사용하면 어림수를 구할 수 있다. 이때

'$y = \log_a x$라면 $x = a^y$이다'······①

가령 $y = \log_2 8$은 어떤 수인가 하면 ①에서 $8 = 2^y$를 만족하는 y이므로 3을 뜻한다. 그리고 이 3을 2를 밑으로 하는 로그라고 한다.

특히 밑 a를 10으로 한 로그는 상용로그라고 부르며 수치 계산에서 자주 쓰인다. 상용로그에서는 밑인 10을 생략하고 그냥 $y = \log x$라고 쓴다.

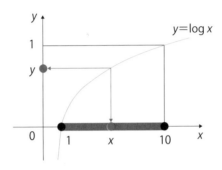

이 로그는 자주 사용되기 때문에 $1 \leq x < 10$인 x의 값에 대해 $y = \log x$의 값을 쉽게 알 수 있도록 표가 만들어져 있으며 이 표는 상용로그표(198 페이지 참조)라고 불린다.

이제 상용로그표를 이용해서 3^{100}이 어떤 수인지 알아보자. 상용로그표를 보면 $\log 3 = 0.4771$임을 알 수 있다. 따라서 3^{100}의 로그를 취하면 로그의 성질(오른쪽 페이지)로 인해

$$\log 3^{100} = 100 \log 3 = 100 \times 0.4771 = 47.71$$

이것과 지수 법칙으로 다음 계산을 할 수 있다.

$$3^{100} = 10^{47.71} = 10^{47 + 0.71} = 10^{47} \times 10^{0.71}$$

이때 x = $10^{0.71}$로 하고 이것을 ①을 사용해 log로 변환하면

$$0.71 = \log x$$

이때 상용로그표를 반대로 보면 x=5.13임을 알 수 있다. 즉 $10^{0.71}$ = 5.13 이다.

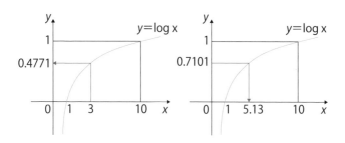

따라서 3^{100} = $10^{47.71}$ = $10^{0.71} \times 10^{47} \fallingdotseq 5.13 \times 10^{47}$가 된다.

지수 법칙과 로그의 성질

지수에 관한 다음 계산 법칙을 지수 법칙이라고 한다.

$$a^m a^n = a^{m+n}, \ (a^m)^n = a^{mn}, \ (ab)^n = a^n b^n \ \cdots\cdots 지수 법칙$$
단, a>0, b>0으로 한다.

지수 법칙과 로그의 정의(195쪽의 ①)를 통해 다음이 성립한다.

$$\log_a MN = \log_a M + \log_a N, \ \log_a \frac{M}{N} = \log_a M - \log_a N$$
$$\log_a M^n = n\log_a M$$
단, a>0, a≠1, M>0, N>0으로 한다

상용로그표

다음 표는 y=log₁₀x(1≦x<10)의 x에 대해 y를 구하는 것이다. 세로 항목이 x의 일의 자리와 소수점 이하 한 자릿수 값이고 가로 항목이 x의 소수점 이하 두 자리 값이다. 가로세로가 교차하는 지점이 y값이다.

log3 = 0.4771

	0	1	2	3	4	5	6	7	8	9
1.0	0.0000	0.0043	0.0086	0.0128	0.0170	0.0212	0.0253	0.0294	0.0334	0.0374
1.1	0.0414	0.0453	0.0492	0.0531	0.0569	0.0607	0.0645	0.0682	0.0719	0.0755
1.2	0.0792	0.0828	0.0864	0.0899	0.0934	0.0969	0.1004	0.1038	0.1072	0.1106
1.3	0.1139	0.1173	0.1206	0.1239	0.1271	0.1303	0.1335	0.1367	0.1399	0.1430
1.4	0.1461	0.1492	0.1523	0.1553	0.1584	0.1614	0.1644	0.1673	0.1703	0.1732
1.5	0.1761	0.1790	0.1818	0.1847	0.1875	0.1903	0.1931	0.1959	0.1987	0.2014
1.6	0.2041	0.2068	0.2095	0.2122	0.2148	0.2175	0.2201	0.2227	0.2253	0.2279
1.7	0.2304	0.2330	0.2355	0.2380	0.2405	0.2430	0.2455	0.2480	0.2504	0.2529
1.8	0.2553	0.2577	0.2601	0.2625	0.2648	0.2672	0.2695	0.2718	0.2742	0.2765
1.9	0.2788	0.2810	0.2833	0.2856	0.2878	0.2900	0.2923	0.2945	0.2967	0.2989
2.0	0.3010	0.3032	0.3054	0.3075	0.3096	0.3118	0.3139	0.3160	0.3181	0.3201
2.1	0.3222	0.3243	0.3263	0.3284	0.3304	0.3324	0.3345	0.3365	0.3385	0.3404
2.2	0.3424	0.3444	0.3464	0.3483	0.3502	0.3522	0.3541	0.3560	0.3579	0.3598
2.3	0.3617	0.3636	0.3655	0.3674	0.3692	0.3711	0.3729	0.3747	0.3766	0.3784
2.4	0.3802	0.3820	0.3838	0.3856	0.3874	0.3892	0.3909	0.3927	0.3945	0.3962
2.5	0.3979	0.3997	0.4014	0.4031	0.4048	0.4065	0.4082	0.4099	0.4116	0.4133
2.6	0.4150	0.4166	0.4183	0.4200	0.4216	0.4232	0.4249	0.4265	0.4281	0.4298
2.7	0.4314	0.4330	0.4346	0.4362	0.4378	0.4393	0.4409	0.4425	0.4440	0.4456
2.8	0.4472	0.4487	0.4502	0.4518	0.4533	0.4548	0.4564	0.4579	0.4594	0.4609
2.9	0.4624	0.4639	0.4654	0.4669	0.4683	0.4698	0.4713	0.4728	0.4742	0.4757
3.0	0.4771	0.4786	0.4800	0.4814	0.4829	0.4843	0.4857	0.4871	0.4886	0.4900
3.1	0.4914	0.4928	0.4942	0.4955	0.4969	0.4983	0.4997	0.5011	0.5024	0.5038
3.2	0.5051	0.5065	0.5079	0.5092	0.5105	0.5119	0.5132	0.5145	0.5159	0.5172
3.3	0.5185	0.5198	0.5211	0.5224	0.5237	0.5250	0.5263	0.5276	0.5289	0.5302
3.4	0.5315	0.5328	0.5340	0.5353	0.5366	0.5378	0.5391	0.5403	0.5416	0.5428
3.5	0.5441	0.5453	0.5465	0.5478	0.5490	0.5502	0.5514	0.5527	0.5539	0.5551
3.6	0.5563	0.5575	0.5587	0.5599	0.5611	0.5623	0.5635	0.5647	0.5658	0.5670
3.7	0.5682	0.5694	0.5705	0.5717	0.5729	0.5740	0.5752	0.5763	0.5775	0.5786
3.8	0.5798	0.5809	0.5821	0.5832	0.5843	0.5855	0.5866	0.5877	0.5888	0.5899
3.9	0.5911	0.5922	0.5933	0.5944	0.5955	0.5966	0.5977	0.5988	0.5999	0.6010
4.0	0.6021	0.6031	0.6042	0.6053	0.6064	0.6075	0.6085	0.6096	0.6107	0.6117
4.1	0.6128	0.6138	0.6149	0.6160	0.6170	0.6180	0.6191	0.6201	0.6212	0.6222
4.2	0.6232	0.6243	0.6253	0.6263	0.6274	0.6284	0.6294	0.6304	0.6314	0.6325
4.3	0.6335	0.6345	0.6355	0.6365	0.6375	0.6385	0.6395	0.6405	0.6415	0.6425
4.4	0.6435	0.6444	0.6454	0.6464	0.6474	0.6484	0.6493	0.6503	0.6513	0.6522
4.5	0.6532	0.6542	0.6551	0.6561	0.6571	0.6580	0.6590	0.6599	0.6609	0.6618
4.6	0.6628	0.6637	0.6646	0.6656	0.6665	0.6675	0.6684	0.6693	0.6702	0.6712
4.7	0.6721	0.6730	0.6739	0.6749	0.6758	0.6767	0.6776	0.6785	0.6794	0.6803
4.8	0.6812	0.6821	0.6830	0.6839	0.6848	0.6857	0.6866	0.6875	0.6884	0.6893
4.9	0.6902	0.6911	0.6920	0.6928	0.6937	0.6946	0.6955	0.6964	0.6972	0.6981

$$x = 5.13 \text{이므로 } 10^{0.71} = 5.13$$

	0	1	2	3	4	5	6	7	8	9
5.0	0.6990	0.6998	0.7007	0.7016	0.7024	0.7033	0.7042	0.7050	0.7059	0.7067
5.1	0.7076	0.7084	0.7093	0.7101	0.7110	0.7118	0.7126	0.7135	0.7143	0.7152
5.2	0.7160	0.7168	0.7177	0.7185	0.7193	0.7202	0.7210	0.7218	0.7226	0.7235
5.3	0.7243	0.7251	0.7259	0.7267	0.7275	0.7284	0.7292	0.7300	0.7308	0.7316
5.4	0.7324	0.7332	0.7340	0.7348	0.7356	0.7364	0.7372	0.7380	0.7388	0.7396
5.5	0.7404	0.7412	0.7419	0.7427	0.7435	0.7443	0.7451	0.7459	0.7466	0.7474
5.6	0.7482	0.7490	0.7497	0.7505	0.7513	0.7520	0.7528	0.7536	0.7543	0.7551
5.7	0.7559	0.7566	0.7574	0.7582	0.7589	0.7597	0.7604	0.7612	0.7619	0.7627
5.8	0.7634	0.7642	0.7649	0.7657	0.7664	0.7672	0.7679	0.7686	0.7694	0.7701
5.9	0.7709	0.7716	0.7723	0.7731	0.7738	0.7745	0.7752	0.7760	0.7767	0.7774
6.0	0.7782	0.7789	0.7796	0.7803	0.7810	0.7818	0.7825	0.7832	0.7839	0.7846
6.1	0.7853	0.7860	0.7868	0.7875	0.7882	0.7889	0.7896	0.7903	0.7910	0.7917
6.2	0.7924	0.7931	0.7938	0.7945	0.7952	0.7959	0.7966	0.7973	0.7980	0.7987
6.3	0.7993	0.8000	0.8007	0.8014	0.8021	0.8028	0.8035	0.8041	0.8048	0.8055
6.4	0.8062	0.8069	0.8075	0.8082	0.8089	0.8096	0.8102	0.8109	0.8116	0.8122
6.5	0.8129	0.8136	0.8142	0.8149	0.8156	0.8162	0.8169	0.8176	0.8182	0.8189
6.6	0.8195	0.8202	0.8209	0.8215	0.8222	0.8228	0.8235	0.8241	0.8248	0.8254
6.7	0.8261	0.8267	0.8274	0.8280	0.8287	0.8293	0.8299	0.8306	0.8312	0.8319
6.8	0.8325	0.8331	0.8338	0.8344	0.8351	0.8357	0.8363	0.8370	0.8376	0.8382
6.9	0.8388	0.8395	0.8401	0.8407	0.8414	0.8420	0.8426	0.8432	0.8439	0.8445
7.0	0.8451	0.8457	0.8463	0.8470	0.8476	0.8482	0.8488	0.8494	0.8500	0.8506
7.1	0.8513	0.8519	0.8525	0.8531	0.8537	0.8543	0.8549	0.8555	0.8561	0.8567
7.2	0.8573	0.8579	0.8585	0.8591	0.8597	0.8603	0.8609	0.8615	0.8621	0.8627
7.3	0.8633	0.8639	0.8645	0.8651	0.8657	0.8663	0.8669	0.8675	0.8681	0.8686
7.4	0.8692	0.8698	0.8704	0.8710	0.8716	0.8722	0.8727	0.8733	0.8739	0.8745
7.5	0.8751	0.8756	0.8762	0.8768	0.8774	0.8779	0.8785	0.8791	0.8797	0.8802
7.6	0.8808	0.8814	0.8820	0.8825	0.8831	0.8837	0.8842	0.8848	0.8854	0.8859
7.7	0.8865	0.8871	0.8876	0.8882	0.8887	0.8893	0.8899	0.8904	0.8910	0.8915
7.8	0.8921	0.8927	0.8932	0.8938	0.8943	0.8949	0.8954	0.8960	0.8965	0.8971
7.9	0.8976	0.8982	0.8987	0.8993	0.8998	0.9004	0.9009	0.9015	0.9020	0.9025
8.0	0.9031	0.9036	0.9042	0.9047	0.9053	0.9058	0.9063	0.9069	0.9074	0.9079
8.1	0.9085	0.9090	0.9096	0.9101	0.9106	0.9112	0.9117	0.9122	0.9128	0.9133
8.2	0.9138	0.9143	0.9149	0.9154	0.9159	0.9165	0.9170	0.9175	0.9180	0.9186
8.3	0.9191	0.9196	0.9201	0.9206	0.9212	0.9217	0.9222	0.9227	0.9232	0.9238
8.4	0.9243	0.9248	0.9253	0.9258	0.9263	0.9269	0.9274	0.9279	0.9284	0.9289
8.5	0.9294	0.9299	0.9304	0.9309	0.9315	0.9320	0.9325	0.9330	0.9335	0.9340
8.6	0.9345	0.9350	0.9355	0.9360	0.9365	0.9370	0.9375	0.9380	0.9385	0.9390
8.7	0.9395	0.9400	0.9405	0.9410	0.9415	0.9420	0.9425	0.9430	0.9435	0.9440
8.8	0.9445	0.9450	0.9455	0.9460	0.9465	0.9469	0.9474	0.9479	0.9484	0.9489
8.9	0.9494	0.9499	0.9504	0.9509	0.9513	0.9518	0.9523	0.9528	0.9533	0.9538
9.0	0.9542	0.9547	0.9552	0.9557	0.9562	0.9566	0.9571	0.9576	0.9581	0.9586
9.1	0.9590	0.9595	0.9600	0.9605	0.9609	0.9614	0.9619	0.9624	0.9628	0.9633
9.2	0.9638	0.9643	0.9647	0.9652	0.9657	0.9661	0.9666	0.9671	0.9675	0.9680
9.3	0.9685	0.9689	0.9694	0.9699	0.9703	0.9708	0.9713	0.9717	0.9722	0.9727
9.4	0.9731	0.9736	0.9741	0.9745	0.9750	0.9754	0.9759	0.9763	0.9768	0.9773
9.5	0.9777	0.9782	0.9786	0.9791	0.9795	0.9800	0.9805	0.9809	0.9814	0.9818
9.6	0.9823	0.9827	0.9832	0.9836	0.9841	0.9845	0.9850	0.9854	0.9859	0.9863
9.7	0.9868	0.9872	0.9877	0.9881	0.9886	0.9890	0.9894	0.9899	0.9903	0.9908
9.8	0.9912	0.9917	0.9921	0.9926	0.9930	0.9934	0.9939	0.9943	0.9948	0.9952
9.9	0.9956	0.9961	0.9965	0.9969	0.9974	0.9978	0.9983	0.9987	0.9991	0.9996

제9장

논리적 판단을
위한 지식

논리적 사고는 직장에서는 물론이고 일상생활에서도 필요하다. 논리적인 설명 없이 타인을 설득하기는 어렵다. 또한 논리적으로 사고하지 못하면 그럴듯한 이야기의 모순을 알아차리지 못하고 속아 넘어갈 수도 있다. 여기서는 논리적 사고의 기본을 익혀보자.

'모든 어른은 부자다'를 부정하면?

포인트

'모든 x는 p'의 부정은 '어떤 x는 p가 아니다'

취업 시험 같은 것은 문제 수가 많고 답안지 작성 시간도 짧다. 빠르게 풀지 않으면 좋은 점수를 얻을 수 없다. 예를 들어 '모든 어른은 부자다'를 부정하면 어떻게 될까? 하는 문제가 나오면 곧바로 '부자가 아닌 어른도 있다'고 답하고 싶다.

그렇다면 왜 '모든 어른은 부자다'에 대한 부정이 '부자가 아닌 어른도 있다'가 되는지 생각해보자.

이를 위해 '어른'이라는 조건을 만족하는 사람의 집합을 X라고 하고 '부자'라는 조건을 만족하는 사람의 집합을 P로 나타내 보자(그림 1, 그림 2). 사각형 테두리는 '인간 전체'를 나타낸다. 참고로 이런 그림을 벤다이어그램이라고 한다.

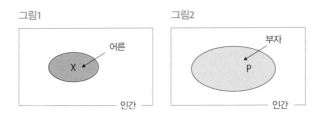

그림1
어른
X
인간

그림2
부자
P
인간

이때 '모든 어른은 부자다'라는 말은 '어른이라는 조건을 충족하는 인간은 누구나 부자라는 조건을 충족한다'는 말이 되므로 '어른의 집합 X가 부자의 집합 P 속에 쏙 들어가게' 된다(그림 3).

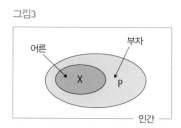

그림3

한편 문제로 주어진 '모든 어른은 부자다'의 부정은 'X는 P 안에 쏙 들어가지는 않는다'이므로 X는 P에서 삐져나오게 된다. 즉 아래 그림 4, 5 둘 중 하나다.

따라서 어떤 경우라도 '부자가 아닌 어른도 있다', 즉 '어떤 어른은 부자가 아니다'가 성립한다.

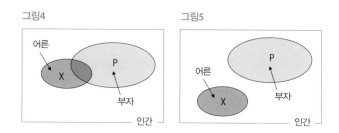

그림4   그림5

여기서 '어른'이라는 조건을 x, '부자'라는 조건을 p라고 바꿔 쓰면 '모든 x는 p'의 부정은 '어떤 x는 p가 아니다'라는 사실을 알 수 있다.

연습

(1) '모든 학생은 공부한다'의 부정은 무엇인가?

(답) '어떤 학생은 공부하지 않는다'

(2) '인간은 거짓말을 하지 않는다'의 부정은 무엇인가?

(답) '어떤 인간은 거짓말을 한다'

'어떤 어른은 부자다'를 부정하면?

포인트

'어떤 x는 p'의 부정은 '모든 x는 p가 아니다'

면접에서 '어떤 어른은 부자다, 를 부정하면 무엇인가'라는 질문을 받고 만약 '어떤 어른은 부자가 아니다'라고 답한다면 논리적 사고에 결함이 있다고 의심받을지도 모른다. 계산 실수 이상으로 인간적인 신뢰를 떨어뜨린다. 답은 '모든 어른은 부자가 아니다'인데 왜 '어떤 어른은 부자다'의 부정이 '모든 어른은 부자가 아니다'가 되는 것일까?

우선 '어른'이라는 조건을 충족하는 집합을 X라고 하고(그림 1), '부자'라는 조건을 만족하는 집합을 P로 표시해 보자(그림 2). 사각형 테두리는 '인간 전체'를 나타낸다.

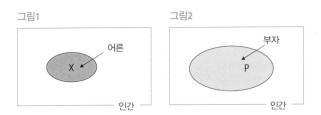

이때 '어떤 어른은 부자다'라는 것은 '부자인 어른이 있다'는 말이다. 따라서 '어른 집합인 X가 부자인 P 속에 쏙 들어간다'(그림 3) 혹은 '어른의 일부, 즉 X의 일부가 부자 P 속에 들어간다'(그림 4).

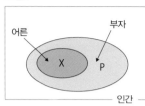

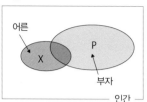

'어떤 어른은 부자다'의 부정은 위 두 가지 모두 아니므로 그림 5처럼 'X는 P 밖으로 나와 버린다'가 된다.

따라서 '어른은 모두 부자가 아니다', 즉 '모든 어른은 부자가 아니다'가 되는 것이다. 여기에서 '어른'이라는 조건을 x, 부자라는 조건을 p라고 쓴다면 '어떤 x는 p'의 부정은 '모든 x는 p가 아니다'가 된다는 사실을 알 수 있다.

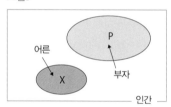

연습

(1) '어떤 나무 열매는 빨갛다'의 부정은 무엇인가?

(답) '모든 나무 열매가 빨갛지 않다'

(2) '어떤 새는 날 수 없다'의 부정은 무엇인가?

(답) '모든 새는 날 수 있다'

(3) '영어를 할 수 있는 사람이 있다'의 부정은 무엇인가?

(답) '아무도 영어를 할 수 없다'

9-3

'18세 이상의 남자'를 부정하면?

포인트

$$\overline{p \text{ 이자 } q} = \overline{p} \text{ 또는 } \overline{q}$$

'18세 이상의 남자가 아닌 사람들은 어떤 사람인가?'라는 질문을 받았을 때는 어떻게 답하면 좋을까? '18세 이상의 남자'를 '18세 이상, 남자'라고 생각해보자. 그러면 그 부정은 '18세 미만의 남자 또는 여자'가 된다. 이런 판단도 순식간에 할 수 있게 된다면 더할 나위 없다. 그러기 위해서는 앞의 논리식을 머릿속에 넣어두면 좋다. 여기서 '‾‾'는 부정을 의미한다.

지금 p라는 조건을 만족하는 것의 집합을 P, q라는 조건을 만족하는 것의 집합을 Q라고 하고 그림 1~2로 생각해보자. 사각형 테두리는 전체를 나타낸다.

그림1

그림2

이때 'p이자 q'를 만족하는 것의 집합은 양쪽 조건을 만족하는 것의 집합이므로 그림 3에서 두 개가 겹친 진한 오렌지색 부분이 된다. 왜냐하면 'p이자 q'란 '양쪽을 만족하는 것'을 말하기 때문이다.

그러면 'p이자 q'가 아닌 것의 집합은 그림 4의 파란색 부분이다.

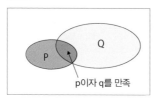

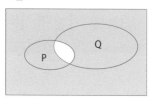

이는 'p가 아니다, 또는 q가 아니다'를 만족하는 부분과 일치한다. '또는'은 적어도 한쪽을 만족하거나, 양쪽을 만족하거나 둘 중 하나면 된다.

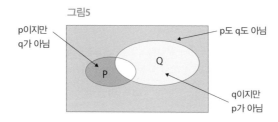

벤다이어그램을 사용하면 'p이자 q'의 부정은 'p가 아니다, 또는 q가 아니다', 즉 '$\overline{p\ 이자\ q}$ = $\overline{p}$ 또는 $\overline{q}$'가 된다는 사실을 잘 알 수 있다(그림 5).

연습

(1) '30세 미만 미혼'의 부정은 무엇인가?

(답)'30세 이상 또는 기혼자'

(2) '일본인 남자'의 부정은 무엇인가?

(답)'외국인 또는 여자'

'18세 이상이거나 남자'를 부정하면?

포인트

$$\overline{p \text{ 또는 } q} = \overline{p} \text{ 이자 } \overline{q}$$

'18세 이상이거나 남자이거나, 를 부정하면?'이라고 질문받는다면 어떻게 대답해야 할까? '18세 이상이거나, 남자이거나'라는 것은 '18세 이상, 또는 남자 중 어느 한쪽'이라는 말이다. 그러므로 그 부정은 그 어느 쪽도 아닌 것이므로 '18세 미만이자 여자'가 된다. '18세 미만이거나, 혹은 여자'라고 생각한 사람도 있을지 모르지만 '18세 미만'만으로는 '남자인 15세'도 포함되므로 틀렸다.

그렇다면 벤다이어그램을 이용해서 조금 생각해보자. p라는 조건을 만족하는 것의 집합을 P, q라는 조건을 만족하는 것의 집합을 Q라고 한다(그림 1 ~ 3). 그림의 네모난 테두리는 전체를 나타낸다.

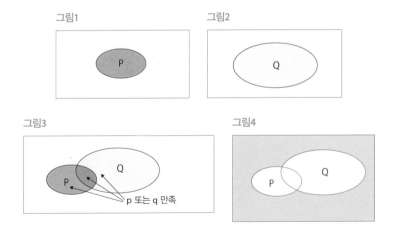

그림1

그림2

그림3

p 또는 q 만족

그림4

이때 'p 또는 q'라는 조건을 만족하는 것들의 집합은 적어도 하나의 조건을 만족하는 것들의 집합이므로 그림 3의 채색된 부분이 된다.

'또는'이란 '적어도 하나 이상'이 성립하면 된다. 물론 둘 다 충족해도 좋다. 그러면 'p 또는 q'가 아닌 것들의 집합은 그림 4의 파란색 부분이다. 이것은 'p가 아니다, 그리고 q가 아니다'를 만족하는 부분과 일치한다(그림 5).

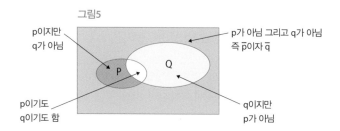

그림5

p이지만 q가 아님

p가 아님 그리고 q가 아님 즉 $\bar{p}$이자 $\bar{q}$

p이기도 q이기도 함

q이지만 p가 아님

따라서 'p 또는 q'의 부정은 'p가 아니다, 그리고 q가 아니다'가 되는 것이다. 즉 $\overline{\text{p 또는 q}}$ = $\bar{p}$ 이자 $\bar{q}$'이다. 9—3과 마찬가지로 취업 시험에도 자주 나오므로 확실히 기억해 두자.

연습

(1) '여성 또는 어린이'의 부정은 무엇인가?

(답)'남성 및 성인'이다.

(2) '운전면허증 또는 보험증'의 부정은 무엇인가?

(답) '운전면허증도 보험증도 아니다'

9-5

'비가 오면 길이 젖는다'의 '역'은?

포인트

'p라면 q'의 역은 'q이면 p'

'비가 오면 길은 젖는다'의 '역'은 무엇일까? '비가 오지 않으면 길은 젖지 않는다'라고 대답하는 사람이 적지 않다. 사실 '역'은 '길이 젖어 있다면 비가 내렸다'이다. '역으로'라고 말할 때는 앞뒤를 바꾸는 것이다.

다만 '역'에서 주의해야 할 것이 있다. 그것은 원래의 상황이나 논리가 아무리 옳다고 해도(비가 오면 길은 젖는다), '역'의 논리가 반드시 옳다고는 할 수 없다는 사실이다.

분명 '비가 오면 길은 젖'겠지만, 길이 젖어 있다면 물을 뿌렸을 수도 있다. 다음 말이 유명하다.

'역은 반드시 진실이 아니다'

'x가 인간이라면 x는 동물'은 맞다. 그러나 '역'인 'x가 동물이라면 x는 인간이다'는 옳지 않다. 원숭이일 수도 있고, 호랑이일 수도 있다. 이 예에서 알 수 있듯이 'p라면 q'가 옳다는 것을 집합으로 나타내면 p를 만족하는 집합 P는 q를 만족하는 집합 Q에 쏙 들어가 버리는 것이다.

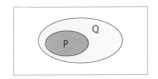

'비가 내리면 길은 젖는다'의 '이'는?

포인트

'p라면 q'의 이는 '(p가 아니다) 그렇다면 (q가 아니다)'

'비가 오면 길은 젖는다. 역으로 비가 내리지 않으면 길은 젖지 않는다'라고 표현하는 사람이 있다. 정치인들의 국회 답변에서도 '세금을 올리면 국민 생활이 어려워진다. 반대로 세금을 올리지 않으면 어려워지지 않는다'고 말하기도 한다. 안타깝게도 둘 다 틀렸다. 정확하게는 '역'이 아니라 논리의 세계에서는 '이'이기 때문이다. 'p라면 q'의 '역'은 어디까지나 p와 q를 바꾼 'q라면 p'이다. 'p라면 q'에 대해 '(p가 아니다) 그렇다면 (q가 아니다)'는 '이'라고 불리는 것이다.

'이'에서 주의해야 할 것은 '역'과 마찬가지로 원래가 옳다고 해도 '이는 반드시 진실이 아니다'라는 것이다. '비가 오면 길은 젖는다'는 맞지만, 그에 대한 이는 '비가 오지 않으면 길은 젖지 않는다'가 되어 틀렸다. 물을 끼얹어 길이 젖을 수도 있다.

'p라면 q'가 옳다면 p를 만족하는 집합 P는 q를 만족하는 것의 집합 Q에 포함되지만, 이때 P는 아니지만 Q인 요소 x가 존재할 가능성이 있다. 이 요소 x는 p는 아니지만 q를 만족하는 것이다.

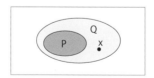

'길이 젖어 있지 않으므로 비가 오지 않았다'의 '대우'는?

포인트

'p라면 q'='(q가 아니다) 그렇다면 (p가 아니다)'

'길이 젖어 있지 않으므로 비가 오지 않았다'……①

라는 말을 들으면 '이것은 올바른 판단일까?' 하고 약간 헷갈리지 않을까? 사람은 보통 '부정된 전제하에서는 사고하기가 힘든 법'이다. 그러나 다음이 머릿속에 들어 있다면 이러한 판단을 할 때 고민할 일이 없다.

'q가 아니라면 p가 아니다'와 'p라면 q'는 같다……※

이것을 이용하면 ①은 '비가 오면 길이 젖는다'……②

와 같아진다. ②는 옳다고 인정되므로 ①도 맞는 것이 된다.

일반적으로 'p라면 q'에 대해 'q가 아니면 p가 아니다'를 서로 '대우'라고 한다. 앞서 소개한 ①과 ②는 서로 대우인 것이다.

'p라면 q'가 올바르다는 것은 p를 만족하는 것의 집합 P가 q를 만족하는 것의 집합 Q에 포함되는 것이었다(**9-6**). 이때는 반드시 q를 만족하지 않는 것의 집합 $\overline{Q}$는 p를 만족하지 않는 것의 집합 $\overline{p}$에 포함된다. 따라서 앞서 적은 ※가 성립하는 것이다.

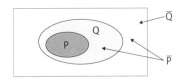

'역', '이', '대우'의 관계

  9-5, **9-6**, **9-7**에서 '역', '이', '대우'라는 논리 용어가 계속 등장했다. 살짝 어렵다고 느꼈을지도 모르겠다. 이것을 개별적으로 다루지 말고 동시에 살펴보자. 그러면 그 관계는 아래 그림과 같이 표현할 수 있다.

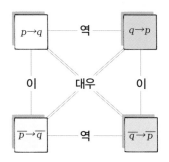

  여기서 기호 '→'는 '그렇다면'이라고 읽는다. 즉, 'p → q'는 'p 그렇다면 q'를 의미한다. 또한 기호 'p̄'는 'p가 아니다'라고 읽으며 p의 부정을 의미한다. 그리고 기호 p, q는 '조건'이라고 하며 'p → q'는 참인지 거짓인지 판단할 수 있는 문장이나 식에서 '명제'라고 한다.

  여기서 중요한 것은 '대우' 명제끼리는 반드시 참과 거짓이 일치한다는 것이다. 하지만 '역' 명제끼리나 '이' 명제끼리는 참과 거짓이 반드시 일치하지는 않는다.

(예)

  '이 씨가 아니면 사람이 아니다'라는 말이 있다고 하자. 이것은 'p: 이 씨이다', 'q: 사람이다'라고 할 때 p̄ → q̄로 쓸 수 있다. 따라서 이 대우 명제는 q → p, 즉 '사람이라면 그것은 이 씨다'가 된다.

'필요'와 '충분'을 바로 판단하기

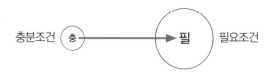

충분조건 충 ──→ 필 필요조건

'필요', '충분'이라는 말을 자주 듣는다. 하지만 이러한 단어를 적절히 구별해서 사용하려다 보면 헷갈릴 때가 있다. 일반적으로 'p라면 q'가 맞을 때 p는 q가 되기 위한 충분조건, q는 p가 되기 위한 필요조건이라고 한다.

$$p \quad \longrightarrow \quad q$$
(충분조건)　　　(필요조건)

가령 'x가 인간이라면 x는 동물'은 옳으므로 '인간'이라는 것은 '동물'이기 위한 충분조건이다. 또 '동물'이라는 것은 '인간'이기 위한 필요조건이다. 필요나 충분의 의미를 생각하다 보면 헷갈려서 판단하기 어렵다. 이때 맨 처음의 그림처럼 '이라면'을 화살표로 표시해 화살이 '충분'의 '충'에, 화살촉이 '필요'의 '필'에 해당한다고 생각하면 헷갈리지 않는다. 또한 다음 그림도 '필요'인지 '충분'인지를 재빨리 판단할 때 도움이 된다.

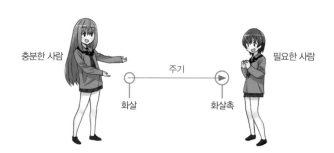

충분한 사람　　　주기　　　필요한 사람

화살　　　화살촉

하루 한 권, 속산의 기술

초판 1쇄 발행 2023년 08월 31일
초판 2쇄 발행 2024년 04월 30일

지은이   와쿠이 요시유키
옮긴이   박제이
발행인   채종준

출판총괄   박능원
국제업무   채보라
책임편집   조지원 · 김민정
마케팅   문선영 · 전예리
전자책   정담자리

브랜드   드루
주소   경기도 파주시 회동길 230 (문발동)
투고문의   ksibook13@kstudy.com

발행처   한국학술정보(주)
출판신고   2003년 9월 25일 제406-2003-000012호
인쇄   북토리

ISBN 979-11-6983-636-4 04400
       979-11-6983-178-9 (세트)

드루는 한국학술정보(주)의 지식 · 교양도서 출판 브랜드입니다.
세상의 모든 지식을 두루두루 모아 독자에게 내보인다는 뜻을 담았습니다.
지적인 호기심을 해결하고 생각에 깊이를 더할 수 있도록, 보다 가치 있는 책을 만들고자 합니다.